大倾角松软厚煤层综放开采矿压显现特征及控制技术

郭东明　范建民　朱衍利　朱现磊　著

北　京

冶金工业出版社

2012

内 容 提 要

本书以杜家村矿大倾角松软厚煤层开采为研究背景,采用理论分析、相似模拟和数值模拟和现场监测等方法,对大倾角松软厚煤层综放开采的矿压显现规律及矿压控制关键技术进行了研究,可极大提高同类地质条件下煤炭开采的安全性和高效性,对我国大倾角煤层开采具有重要的实用价值和指导意义,同时也可弥补目前大倾角煤层开采方面研究的不足。

本书可供从事采矿工程、岩土工程、地下工程等工作的科研人员、工程技术人员及生产管理人员使用,也可供高等院校相关专业的师生参考。

图书在版编目(CIP)数据

大倾角松软厚煤层综放开采矿压显现特征及控制技术/郭东明等著. —北京:冶金工业出版社,2012.12

ISBN 978-7-5024-6080-8

Ⅰ.①大… Ⅱ.①郭… Ⅲ.①大倾角煤层—软煤层—厚煤层—煤矿开采—矿压显现—研究 Ⅳ.①TD326

中国版本图书馆 CIP 数据核字(2012)第 255004 号

出版人 谭学余
地　　址　北京北河沿大街嵩祝院北巷 39 号,邮编 100009
电　　话　(010)64027926　电子信箱 yjcbs@cnmip.com.cn
责任编辑　张耀辉　美术编辑　李　新　版式设计　孙跃红
责任校对　郑　娟　责任印制　李玉山
ISBN 978-7-5024-6080-8
冶金工业出版社出版发行;各地新华书店经销;三河市双峰印刷装订有限公司印刷
2012 年 12 月第 1 版,2012 年 12 月第 1 次印刷
148mm×210mm;5.25 印张;152 千字;156 页
25.00 元
冶金工业出版社投稿电话:(010)64027932　投稿信箱:tougao@cnmip.com.cn
冶金工业出版社发行部　电话:(010)64044283　传真:(010)64027893
冶金书店　地址:北京东四西大街 46 号(100010)　电话:(010)65289081(兼传真)
(本书如有印装质量问题,本社发行部负责退换)

前　言

　　我国煤田中急倾斜、大倾角厚煤层较多，约占煤炭总储存量的14.05%，特别在我国西北地区和山西等地，大倾角煤层为许多矿区或矿井的主采煤层。随着我国煤炭工业发展"十二五"规划"控制东部，稳定中部，大力发展西部"战略的落实和推进，大倾角煤层的开采研究将是一项重大课题。

　　大倾角厚煤层处于急倾斜厚煤层与倾斜厚煤层的过渡阶段，缓倾斜、倾斜厚煤层的综放开采与急倾斜厚煤层的开采方法均难以直接适用。国外对于大倾角厚煤层的研究，主要限于长壁综合机械化开采方面，但因工作面倾角大、工艺复杂、产量和效率较低，近几年的发展缓慢，大倾角复杂厚煤层的走向长壁综放开采也少有报道。

　　本书从理论和技术两个方面着手，对我国大倾角松软厚煤层开采进行了较系统的矿压显现特征分析和矿压控制关键技术研究。研究表明，综放采场矿压显现上部最强、中段次之、下段最弱，覆岩顶板形成"厂"形弯曲结构移动拱，"三带"高度呈现下小上大逐渐变化形态；回风平巷采用直墙圆拱形断面、运输平巷采用留三角煤特殊断面的形式，能有效改善巷道围岩应力状态；运用采一放一（0.6m）的放煤步距和单轮间隔多口的放煤方式，可有效避免支架滑移、倾倒，有利于采场围岩的稳定和动态控制。

　　本书内容共分为6章。第1章介绍了我国大倾角煤层开采所遇到的难题和国内外对大倾角煤层开采研究的现状，以及全书的内容框架；第2章介绍了大倾角松软厚煤层典型矿井——杜家村矿的工程概况，并对其首采面进行了地质力学评价；第3章根据杜家村矿1201工作面地质条件特征，对大倾角松软厚煤层开采过程进行了相似模拟试验研究，获得了模拟开采条件下上覆岩层破坏与运移规律和矿压显现规律；第4章通过对顶板结构力学分析、开采过程数值模拟和现场矿压实测，获得了杜家村矿大倾角综放开采工作面的应力分布和矿压显现规律；第5章采用FLAC3D数值软件，分析了大倾角特软厚煤层煤巷的支护参数，提出了适合杜家村矿大倾角特软煤层回采巷道的支护方案，并通过现场矿压观测进行了方案验证；第6章从支架控制原则、支架选型、支架和煤壁的稳定性控制及采场合理的采煤工艺等方面研究了采场围岩控制技术。

本书由郭东明、范建民、朱衍利和朱现磊共同撰写。其中：第1章、第2章和第5章由郭东明撰写；第3章和第6章由范建民、朱衍利和朱现磊撰写；第4章由郭东明、范建民和朱衍利撰写。郭东明、范建民和朱衍利负责全书的修改和整理；郭东明和范建民还负责全书的统稿工作。在撰写本书过程中得到了中国矿业大学(北京)杨仁树教授的无私指导和帮助；王国栋硕士、吴宝杨硕士、杨立云博士等对本书的撰写也给予了许多帮助；在此对他们表示衷心的感谢！

本书的撰写和出版得到了中央高校基本科研业务费(2009QL04)、国家自然科学基金面上项目（51274204）、国家自然科学联合基金重点项目（51134025）等资金的资助；得到了中国矿业大学（北京）深部岩土力学与地下工程国家重点实验室、中国矿业大学（北京）力学与建筑工程学院、新汶矿业集团有限责任公司等单位的大力支持和协助；在此一并表示感谢！

在撰写过程中，参阅了许多煤层综放开采及矿压控制方面的著作、学术期刊论文和互联网刊载文章，在此谨向文献的作者表示感谢！

由于作者水平所限，书中难免存在不足之处，恳请广大读者批评指正。

作　者

2012 年 9 月

目　　录

1 绪 论

1.1 课题研究背景与意义

1.1.1 课题研究背景

我国传统能源具有"煤多油少"的特点。2009 年中国煤炭工业的统计年鉴表明[1]：2009 年我国一次性能源生产及消费结构中煤炭大约占 70%，预计到 2020 年煤炭将占我国总能源结构的 60% 左右，到 2050 年时将占 50% 以上；从产量上看，2001 年我国煤炭总产量大约为 11 亿吨，2003 年达到 16 亿吨，2006 年则为 24 亿吨，2009 年已经超过 30 亿吨。由此可见，我国的能源结构和能源消费结构中以煤炭为主的格局将在相当长一段时间内不会改变。根据 2012 年 1 月中国海关总署公布的数据显示，2011 年中国煤炭进口增长 11%，达到 1.824 亿吨，超过日本成为全球最大煤炭进口国。造成中国煤炭进口量激增的主要原因是，煤炭占我国能源消耗比重的近 70%，作为一次性能源和重要的化工原料，其具有不可替代性。因此，加强煤炭资源安全高效开采对促进我国国民经济快速稳定发展具有重要作用[2]。

我国煤炭资源预测总量为 5.06 万亿吨，呈现分布广泛、西多东少、埋藏较深、煤层开采条件差等特点。近年来，大倾角煤层（35°~55°）越来越引起采矿界的重视，主要原因有：

（1）西北部赋存有大量 35°以上的大倾角煤层。我国煤田中急倾斜、大倾角厚煤层较多，大约占煤炭总储存量的 14.05%，特别在我国的山西、陕西、宁夏、甘肃和新疆等地，大倾角煤层为许多矿区或矿井的主采煤层。目前，虽然大倾角煤层年开采量仅占我国煤炭总产量的 8%~10%，但在一些特定地区，大倾角煤层年产量却占有非常大的比例，如四川省大约有 40%~50% 的煤炭产量为大倾角煤层开采产量[3]。随着我国"十二五"发展计划中"控制东部、稳定中部、大力发展西部"的煤炭发展战略的稳步推进[4]，大倾角煤层开采问题的研究将是一项重大课题。

（2）多年的开采已使得埋藏较浅、地质构造简单的煤层储量越来越少。许多东部矿区，如安徽的淮北和淮南矿区、江苏的徐州矿区、山东的兖州矿区、河北的邢台和开滦矿区等，随着煤炭开采强度的日益提高，赋存条件优越的煤层越来越少，条件恶劣的复杂煤层开采势在必行，特别是大倾角复杂条件下的煤层开采[5]。

若要保证大倾角复杂煤层的安全高效开采，必须解决大倾角煤层开采过程中存在的技术难题[6]。

1.1.2　课题研究意义

大倾角厚煤层处于急倾斜厚煤层与倾斜厚煤层的过渡阶段，缓倾斜、倾斜厚煤层的综放开采与急倾斜厚煤层的开采方法均难以直接适用。传统的水平分段综放开采，工作面单产较低、回采周期短、搬家频繁，而且由于将运输平巷沿煤层底板布置，运输平巷底板侧大量的留滞三角煤难以放出，导致煤炭回收率低[7]。传统的倾斜分层走向长壁开采，巷道采掘比高，材料消耗大，生产成本高，工作面单产不高，为了满足矿井设计生产能力，往往布置多个工作面同时生产，造成设备占用多且效率低，经济效益普遍较差，不利于矿井的安全高效生产。

杜家村煤矿为改扩建矿井，主采 2 号煤层为大倾角厚煤层，且煤质松软，为保证矿井的安全高效生产，经技术比较后采用走向长壁综采放顶煤技术进行开采（见图 1-1）。但是，大倾角煤层开采的

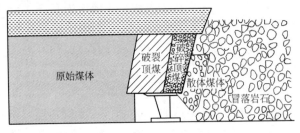

图 1-1　放顶煤开采示意图

技术水平远低于缓倾斜煤层，尤其在煤层较厚、煤质较软等复杂地质条件下，仍存在许多基本的技术难题。

　　相对于缓倾斜近水平煤层，大倾角煤层由于煤、岩层沉积结构的特殊性，导致其具有显著的各向异性特征，并且随倾角的增加，各向异性越发明显，加之松软的煤质，使得大倾角松软厚煤层综放开采具有特殊的矿压显现规律和顶煤运移规律。近年来，国内外学者对综采放顶煤开采过程中的回采工艺、巷道围岩控制、上覆煤岩运移规律等问题进行了大量的理论和实验研究，取得了大量成果，但这些研究工作往往只是针对缓倾斜近水平煤层，而对大倾角煤层特别是大倾角松软厚煤层的综放开采研究工作却进行的相对较少[8,9]。因此，对影响因素多、物理过程复杂的大倾角松软厚煤层综放开采的关键技术，尤其是矿山压力显现规律、围岩控制等问题进行深入研究，不仅具有重要的理论价值，而且对 21 世纪我国的能源战略、煤炭行业可持续发展及大倾角煤层高产高效安全生产具有重要的保障和促进作用。

1.2　国内外研究现状

1.2.1　国外研究现状

1.2.1.1　国外大倾角煤层开采方法的研究进程

　　大倾角煤层的煤炭储量在俄罗斯、英国、法国、德国、波兰等国家的煤炭资源总量中占有相当大的比重。早在 20 世纪 70 年代，苏联就开始了急倾斜、大倾角煤层机械化开采的研究，并研制出用于综合机械化开采的采煤机和液压支架，同时还对倾角大的煤层进行开采工艺研究，奠定了大倾角煤层开采技术研究的科学基础[10,11]。20 世纪 80 年代，乌克兰顿涅茨煤矿机械设计院为急倾斜、大倾角煤层工作面设计了采煤机及相应的配套支护设备。为保证采煤机有足够的爬坡能力，在工作面上回风巷中安装了绞车，并将采煤机的牵引部接到绞车系统，从而令其得以成功的应用[12]。1992 年威斯特伐里亚-贝考特公司生产的 G9-38Ve4.6 加高型滑行式刨煤机，辅助配合 WS1.7 型宽体双伸缩二柱掩护液压支架，应用于鲁尔矿区的威斯特豪尔特（Westerholt）矿，开采了鲁尔矿区的大倾角煤层[13]。德国将用于缓倾斜煤层的赫姆夏特液压支架与用于急倾斜煤层的曼斯菲尔德液压支架进行改造，并结合防倒、防滑技术，来开采急倾斜、大倾角煤层[14]。英国将适用于 25°~45°煤层倾角的多布逊支架与伽里克支撑式支架应用于大倾角煤层开采，也取得了一定的技术与经济效果[15]。另外，印度研究了掩护支架采煤法、柔性支架采煤法、综合机械化配套设备等应用于急倾斜和大倾角煤层，发展了大倾角煤层开采的研究[16]。西班牙在帕里奥和圣安托尼奥煤田使用了机械化方式开采大倾角煤层[17]。

1.2.1.2　国外大倾角煤层开采的覆岩运动规律研究动态

人类利用地下资源之初，就观察和认识到开采带来的覆岩运动与破坏，并探索控制岩层移动的措施。早在 18 世纪下半叶，比利时人就提出了"法线理论"和"自然斜面理论"，并能够初步估算出覆岩移动的范围。这些理论为以后覆岩运移规律的进一步研究奠定了基础。20 世纪后期，门者尔观测到开采过程中地表除下沉外，还存在水平方向的变形和位移，并对水平位移进行了计算和大倾角煤层开采地表的移动过程进行了分析。

第二次世界大战后，各国学者对大倾角煤层开采覆岩运动规律继续进行了大量研究，出版了专著《煤矿地下开采的岩层移动》[18]，提出了覆岩下沉盆地剖面方程及数学塑性理论。布德雷克在波兰学者克诺特研究的基础上，解决了下沉盆地中水平移动及水平变形问题，提出了现在所谓的布德雷克-克诺特理论。20 世纪以来，多名学者提出了矿山压力假说，原苏联学者提出的铰接岩块假说，阐明了工作面上覆岩层的分带情况和岩层内部结构；德国人 W. Hack 和 G. Gillitzer 提出悬臂梁假说，将垮落后的顶板看做一端固定在工作面前方煤体上的悬臂梁；比利时学者认为回采工作面上覆岩层因连续性被破坏而成为非连续体[19]。1954 年波兰学者李特威尼申提出了著名的随机介质理论，他把岩层移动看做一个随机过程，认为地表下沉服从柯尔莫哥罗夫方程，从而大大丰富和发展了岩层移动计算理论。法国学者通过在达尔西矿进行深基点观测，认为大倾角放顶煤开采过程中顶煤的运移与煤壁的水平断裂有关，顶底板移近量很大，从煤壁到支架后方的移近量均可达 1m 左右，且放顶煤工作面也被认为是一动态应力分布场[20]。

1.2.1.3 国外大倾角煤层开采和围岩控制研究现状

国外对矿山压力规律的研究主要集中在近水平和缓倾斜煤层上，对于大倾角煤层占据一定比例的前苏联、德国、法国、英国、波兰、乌克兰等几个国家中，前苏联对矿山压力和采煤工艺的研究占据主导地位[21]。20 世纪 30 ~ 40 年代，苏联开始对矿山压力显现规律进行研究。通过对大倾角煤层开采过程中上覆岩层沉陷现象进行观测，得到了实测数据和原始记录，并在分析与总结的基础上对岩层控制和采煤工艺规律进行了完善和总结，并最终生产出了综采设备。通过对不同开采条件、不同赋存煤层、不同支护设备条件下的工作面进行矿压规律观测，得出了大倾角煤层在多种条件下矿压显现的基本规律。通过实验室相似材料模拟，对倾斜煤层进行了顶板分类，并研究了采动对顶板运动特性和矿压分布规律的影响[22,23]，并在1974 年出版了研制大倾角厚煤层综合机械化装备和开采方法及工艺的专著[24]。英国学者 Wilson 和 Brown 通过研究煤层倾角对工作面上覆顶板岩层的影响，得出了确保工作面顶底板不出现滑移的合理支架工作阻力[25,26]。俄罗斯的顿巴斯矿区、乌克兰的卡拉岗达矿区、法国的洛林矿区、德国的鲁尔矿区分别在大倾角煤层中应用综采技术进行开采，使其矿井生产效率和利润有了明显的提高，获得了良好的技术经济效果。捷克共和国的鲍迪研究了无人开采技术在较坚硬大倾角煤层应用的安全性及可操作性。俄罗斯的库拉科夫系统研究并完善了大倾角煤层工作面矿压规律显现的一般规律[27]。印度的 Singh 利用实验室研究方法，对印度东北部的大倾角厚煤层进行研究，探讨了放顶煤开采技术运用的可行性[28,29]。

综上所述，国外对于大倾角厚煤层的研究，主要限于长壁综合机械化开采方面，并集中在前苏联、德国、波兰等国家。但因工作面倾角大、工艺复杂、产量和效率较低，其近几年的发展缓慢，而大倾角复杂厚煤层的走向长壁综放开采也少有报道。

1.2.2　国内研究现状

1.2.2.1　国内大倾角煤层的开采方法发展

大倾角煤层的开采方法选择不仅与煤层的围岩性质、埋藏深度、水文地质、自然发火期等因素有关，更和煤层倾角、厚度有关。20世纪50年代前我国对大倾角煤层开采，主要采用高落式采煤法及人工落煤等方法，开采工艺极落后，且存在生产安全条件差、资源回收率低等问题。

20世纪50年代初，倒台阶采煤法被广泛地应用于开采急倾斜、大倾角煤层。这种方法具有对断层、煤厚、倾角等地质变化的适应性强，采出率较高，通风系统简单等优点；但劳动环境差，采煤工序繁杂，顶板管理工作量大[30]。到20世纪50年代末，我国一些矿区的大倾角松软煤层开采开始采用钢丝绳锯采煤法开采，并相继在河北、辽宁、四川省的一些矿区获得了一定范围的推广应用[31]。

20世纪60年代初，我国淮南矿区开始率先对大倾角煤层采用伪倾斜柔性掩护支架采煤法开采，随后开滦、徐州等矿区也相继有所使用[32,33]。这种采煤方法沿煤层走向推进，工作面沿煤层倾向布置，伪倾斜柔性掩护支架将工作面与采空区分开，其特点是工作面支架在安装之后依靠冒落矸石的作用自动调整和前移。这种方法具有生产系统简单，通风条件好，掘进率低等优点，但却存在支架对煤层厚度和倾角变化适应性较差，工作面煤层较大，工作环境较差等缺点。

20世纪80年代初，我国一批煤炭院所，如煤炭科学研究总院北京开采所和唐山分院、中国矿业大学、东北大学等致力于研究大倾角厚煤层综合机械化开采的配套装备，并从德国、波兰、西班牙、苏联等国家引进先进的设备，在北京矿务局、安徽淮南矿务局、辽宁沈阳矿务局、辽宁鹤岗矿务局、新疆艾维尔沟煤矿、四川攀枝花矿务局等矿区进行了试验与生产，均取得了较好的效果。放顶煤采煤法能够适应复杂多变的地质条件，工作面效率较高，巷道系统简单，机械化程度较高，便于集中生产和科学管理[34,35]。1984 年煤炭科学研究总院北京开采所研制出 ZYS9600-14/32 大倾角液压支架，经试验检验能够适用于 35°~55°的煤层开采，但未进行工业性试验。沈阳蒲河煤矿运用国产 FY400-14/28 型综放支架进行综放开采的工业性试验，取得了大倾角煤层综放开采的技术经验[36]。1986 年制定的煤炭工业"七五"发展规划中提出研发"三软"（软顶、软煤、软底）、"二大"（大倾角、大采高）等煤层应用的支架，从而使大倾角煤层开采设备研制及技术研究进入了一个高潮期。甘肃窑街矿务局率先进行了大倾角特厚煤层的水平分段综放开采试验，之后甘肃靖远矿务局、内蒙古平庄矿务局、新疆乌鲁木齐矿务局等也相继使用了该方法进行开采，均取得了较好的技术经济效果[37]。1989 年煤炭科学研究总院北京开采所与辽宁沈阳矿务局红菱矿共同研制了我国第一套大倾角液压支架 ZYJ3200-14/32，填补了我国大倾角煤层液压支架的空白，经改进后该支架在沈阳红菱矿进行了工业性试验，并通过了技术鉴定，但最终却未得到推广使用[38]。

20 世纪 90 年代，河南平顶山矿务局十三矿、宁夏石炭井矿务局乌兰矿等进行了大倾角厚煤层开采工业性试验研究，取得了一定的成效。新疆艾维尔沟煤矿采用 ZZX4000-17/35 液压支架，进行了大倾角、坚硬顶板（$f > 8 \sim 18$），软煤（$f = 1.0$）、软底（抗压强度小于 1.5MPa）的大倾角煤层开采工业性现场试验[39]。安徽淮南矿务局、四川攀枝花矿务局、重庆南桐矿务局、北京矿务局也分别在多个工作面进行了大倾角煤层综采装备（适应最大煤层倾角为 55°）工业性试验。1992 年宁夏石炭井矿务局乌兰矿在煤层倾角 25°~70°，煤厚平均 8m 的工作面，采用 MXP350 型窄身采煤机，ZFSB3200-16/28 型放顶煤液压支架与 ZTG3400-20/30 型过渡型液压支架进行了工业性试验，取得了月产量 3 万吨，工作面采出率84.9%的较好成果[40]。1996 年，煤炭科学研究总院北京开采所、西安矿业学院（现西安科技大学）等单位成功研制并试验了大倾角煤层综采成套设备和开采理论与技术，并将其应用到煤层倾角为 35°~43°的华蓥山绿水洞煤矿，实现了"一井一面"生产与管理，产量稳定在 60 万吨/年左右[41]。安全可靠的大倾角工作面系统，使得我国关于大倾角煤层综合机械化开采的研究处于国际领先水平[42]。1998年又进行了大倾角厚煤层综合机械化长壁开采的工业性试验，较好地解决了开采过程中的技术设备问题，从而为大倾角厚煤层走向长壁综采和综放开采的技术推广与应用奠定了基础[43]。

2003年靖远煤业公司的王家山煤矿将工作面倾斜布置的技术，运用于大倾角厚煤层综放开采的工业性试验中，并对开采技术与工艺进行了实验室与理论研究，较好解决了开采过程中的难题，获得了成功[44]。

1.2.2.2 国内大倾角煤层开采的覆岩运动规律研究动态

在我国，有关苏联的典型曲线法对于覆岩运动规律的研究一直持续到20世纪60年代。1958年起，我国的抚顺、淮南等矿区分别建立了地表移动观测站，在总结分析观测数据的基础上，编制了淮南等三矿区的《地表建筑物及主要井巷保护暂行规程》。学者刘宝琛和廖国华将李特威尼申的随机介质理论引入我国并将其完善，编著了《煤矿地表移动的基本规律》一书[45]。

1981年，刘天泉和仲惟林等学者通过对大倾角煤层开采时上覆岩层运移的深入研究，分析了大倾角煤层开采时的覆岩破坏规律，研究涉及水体下采煤。马伟民、王金庄等在对该领域研究成果进行系统总结的基础上，于1983年组织编著了《煤矿岩层与地表移动》[46,47]。基于覆岩层结构理论的研究，钱鸣高于1983年出版了《采场矿山压力与控制》[48]，宋振骐于1988年在以研究采场上覆岩层运动为中心的基础上提出了传递岩梁理论，并出版了《实用矿山压力控制》等专著。

20世纪90年代后期，钱鸣高提出了岩层控制的关键层理论，系统阐述了关键层理论的意义、概念和判别方法，分析了关键层对覆岩移动、矿压显现规律的影响等，并最终出版了专著《岩层控制的关键层理论》[49]。庞矿安、刘俊峰、董德彪等[50]研究了大倾角开采顶煤运移规律及支架和围岩的关系，并建立了液压支架的动态受力模型，提出了支架稳定性的影响因素和控制措施。王卫军[51,52]引进了"煤梁"的概念，应用弹塑性力学及矿压理论构造了"煤梁"极限跨度模型，认为大倾角煤层放顶煤开采顶煤下部存在一个两端固支的"煤梁"，它支撑上覆顶煤和覆岩，当达到抗拉强度极限时就会断裂，随着顶煤的运移，"煤梁"不断的垮落，形成新的"煤梁"，再垮落，如此循环。赵朔柱[53]认为，急倾斜放顶煤开采工作面的顶煤和顶板以散体介质存在，随开采的进行，悬露的顶板会断裂冒落，并会沿倾斜方向形成铰接结构。工作面巷道的破坏主要来自顶板压力，底板巷道的破坏表现为底鼓现象。吴健[54]通过对急倾斜水平分段放顶煤工作面观测后认为，工作面煤壁前方 3～10m 的顶煤开始移动，以水平位移为主，后方则以垂直位移为主。顶煤从液压支架尾梁冒落后的过程分为冒落过程、压实过程和放出过程。周英[55]运用深基点观测的方法，对比分析了"卸载移架"和"带压移架"两种移架方式对顶煤破碎效果的影响，研究了顶煤在不同的压力条件下裂隙的产生、发展、贯通和破碎机理，这对控制顶煤的破碎程度，提高采出率具有重要意义。朱川曲、缪协兴[56]运用灰色统计方法及模糊数学理论建立了急倾斜煤层顶煤可放性评价模型，将顶煤分为可放性好、可放性较好、可放性一般、可放性较差及可放性差 5 类。赵旭清、陈忠辉等[57,58]利用深基点跟踪观测法，对淮北矿业集团朱仙庄矿 8413-2 "三软"中厚煤层综放工作面顶煤变形运移特性进行了研究，认为顶煤的损伤破坏是个周期性很长的过程。

1.2.2.3 国内大倾角煤层开采和围岩控制研究现状

我国对矿山压力规律的研究，大多集中于近水平和缓倾斜煤层，直到 20 世纪 80 年代才开始针对大倾角煤层开采时的矿压显现特征进行研究，其采用的研究方法有实验室物理模拟、数值分析和现场监测等。

早在 1986 年，南桐矿务局就在南桐二矿进行了矿压观测，通过对实测数据的分析，获得了工作面的周期来压步距，并总结了顶板下沉与采煤工序之间的关系[59]。华道友、平寿康[60]利用立体模拟试验台，通过对大倾角煤层不同倾角、不同开采体系下矿压规律进行研究，获得了开采过程中上覆岩层破坏规律及控制措施，同时也较系统地研究了大倾角煤层矿压显现规律及防治对策。王永建[61,62]在义马煤业集团石壕煤矿进行"三软"复杂煤层一次采全高试验，通过对放顶煤使用过程中矿压显现规律的研究，认为初次来压强烈，持续时间长，周期来压相对不强烈，有时不明显。方伯成[63]通过矿压观测分析了大倾角上覆岩层的破坏规律和矿压显现特征，认为大倾角煤层工作面在倾向上也能形成三铰拱岩块结构，沿工作面走向方向的矿压显现变化较小；工作面走向与倾向方向的上覆岩层平衡与失稳是导致工作面周期来压的关键，只有工作面走向与倾向方向上的覆岩同时失稳，才会导致周期来压。吴绍倩、石平五等[64]系统研究了急倾斜煤层的矿压显现规律，得出了开采过程中初次来压和周期来压明显，来压步距较大，工作面矿压分布不均，工作面支架所受压力多处于较低状态，比缓倾斜煤层开采过程中小等结论。煤炭科学研究总院北京开采研究所[65]借助 NCAP-2 二维岩石力学非线性有限元程序和 COSMOS 大型有限元结构分析程序，通过数值计算和理论分析的方法，研究了芙蓉矿务局巡场煤矿大倾角煤层采场围岩应力分布及其对工作面与巷道支护的影响。乔福祥[66]通过对矿压观测数据进行分析，研究了淮北矿务局童亭煤矿 711 工作面第三次周期来压前的矿压规律，认为大倾角"三软"工作面矿压分布沿煤层倾向呈现"马鞍"状现象。蒋金泉运用正交梁近似计算方法[67]，研究了不同支承条件下老顶的垮落规律，提出边界条件、煤层倾角及采空区形状是影响老顶来压步距的主要因素。杨秉权[68]分析了大倾角综放开采顶板活动规律和顶板来压显现特征，认为由于倾角的存在，工作面采空区上部矸石会在重力的作用下滚落至工作面下部，导致中上部的矿压显现大于下部，且周期来压步距中部大于上部，下部大于中部。陶连金、张倬元和王泳嘉[69]利用离散型软件对大倾角工作面回采巷道进行变形和破坏机理分析，结合对回采巷道松动圈破坏范围的现场实测，指出回采巷道的上部最容易发生破坏失稳，应重点预防并综合治理。严鹤峰、胡祥科[70]等将走向长壁综放开采的大倾角工作面顶板看做是一个倾斜梁结构，通过对梁的受力计算，得出了顶板最容易发生弯曲的地方。闫少宏[71,72]通过建立薄板模型，并对其破坏进行弹性临界计算，得出了软岩底板产生滑移破坏的机理。尹光志、鲜学福等通过实验室相似模型试验和计算机数值模拟[73]，揭示了处于深部的大倾角煤层开采过程中的矿山压力显现基本规律和上覆岩层移动沉降规律，为现场的采掘工作提供了科学依据。伍永平[74]通过对大倾角煤层开采理论的研究，总结了大倾角煤层开采的矿压规律，并提出了"R-S-F"系统动力学控制基础理论，奠定了大倾角煤层开采的理论基础。

黄建功、楼建国[75]分析了大倾角走向长壁工作面采空区矸石向下部填充的特征，研究了工作面不同位置支架受力的特点，建立了支架与围岩的相互作用结构模型，并比较了走向与倾向条件下支架与围岩结构模型系统的特点。袁永[76]通过对兖州矿业集团东滩煤矿1300大倾角厚煤层工作面矿压规律研究，指出大倾角厚煤层综放开采过程中，工作面中、下部支架的工作阻力大于上部支架的工作阻力。赵洪亮等[77]利用UDEC数值模拟软件，对大倾角综放开采工作面走向和倾向进行建模计算，结果表明，工作面推进过程中，顶板（煤）、底板的水平位移量呈现出下端头小、上端头大、上端头易出现漏顶和空顶的现象。工作面同一位置，若呈现出顶板垂直应力最大，底板垂直应力最小，则易发生冒顶现象；若呈现底板水平应力最大，支架水平应力最小，则易发生煤壁片帮现象。王高利、涂敏等[78]运用相似材料模拟研究新庄孜矿大倾角工作面上覆岩层垮落特征和围岩应力分布规律，指出岩层裂隙自下而上发展，冒落的岩层沿层理下滑，冒落拱呈现非对称状，且上虚下实。蔡瑞春[79]通过对淮南矿业集团潘北煤矿大倾角煤层开采工作面矿压显现特征及围岩控制研究，得出工作面上、下两侧煤柱支承压力塑性区受煤层倾角影响较大，煤层倾角越大，其对塑性区范围差异性影响越大。煤层倾角越大，工作面顶、底板的移近量越小，而老顶的初次来压步距则越大。现场矿压观测表明，大倾角工作面来压有一定的时序性，即中部先来压，然后依次向上、下部发展。

1.3 主要研究内容和研究方法

1.3.1 主要研究内容

本书主要针对杜家村煤矿特殊地质条件开采过程中的矿山压力

显现规律及控制对策进行研究，研究内容主要有以下几方面：

（1）杜家村煤矿1201大倾角松软厚煤层工作面地质力学评价研究。采用点荷载实验方法，测试1201工作面煤层的普氏硬度系数；运用空心包体套孔应力解除方法进行原位地应力测量，并根据山西地区地质构造分布规律，分析杜家村矿的地质构造规律和区域构造应力场特征。

（2）采用二维物理模型试验、数值分析方法，对1201工作面走向和倾向进行综放开采模拟，研究工作面开采过程中矿压显现规律。

（3）通过建立大倾角厚煤层综放开采的上覆煤岩力学模型，研究大倾角综放工作面应力分布规律，分析工作面矿压显现规律和大倾角综放采场的顶板结构形式及支架与围岩的关系，为支架参数的选定和上覆煤岩的矿压显现控制提供依据。

（4）采用数值分析和现场矿压实测等方法，研究1201工作面巷道断面形状与巷道围岩稳定关系，并对巷道支护参数进行优化分析研究，期望获得大倾角松软厚煤层煤巷合理断面形状及支护形式。

（5）运用理论力学、岩体力学、断裂力学等理论，建立大倾角综放工作面支架的受力模型，从理论上分析支架稳定性的影响因素，从而采取有效措施，防治支架的倾倒、滑移及挤咬现象，分析支架-顶板开采时动态稳定性，同时借助PFC2D数值模拟软件研究工作面在不同放煤状态下采场围岩动态稳定性控制规律。

1.3.2　研究方法和技术路线

本书针对大倾角松软厚煤层开采矿压规律进行研究，以杜家村矿1201首采面为研究对象，首先采用现场实测的方法，对杜家村矿1201首采面煤岩力学特性及地应力状态进行地质力学评价。通过EWM二维力学模型试验，对1201工作面走向和倾向开采时矿压显现规律进行模拟研究，从宏观和微观角度揭示矿压规律，并对开采过程中的支架工作阻力进行现场实测，综合实验室试验和现场观测所得的巷道围岩变形和支架工作阻力结果，对比分析大倾角松软厚煤层开采时的矿压显现规律。在对杜家村矿 1201 工作面上下平巷地质特征分析的基础上，对巷道的断面形状与支护方式进行优化分析，运用 FLAC3D 软件进行数值模拟，确定合理的断面形式和支护参数；基于大倾角松软厚煤层综放开采工作面支架正常工作时的受力研究，运用断裂力学、理论力学等理论，建立支架受力的理论模型，结合大倾角工作面支架失稳表征，并通过对其稳定性影响因素的分析，提出提高支架稳定性的具体措施。在研究工作面支架选型合理性和支架、煤壁稳定性的基础上，借助 PFC2D 数值模拟软件对采煤工艺的优化选择进行分析，提出采场围岩控制的合理措施。最终，通过以上方法，研究分析杜家村矿 1201 大倾角松软厚煤层开采的矿压显现规律及围岩控制技术。

拟采用实验室试验、理论分析、数值分析、现场实测等方法进行研究，具体研究技术路线如图 1-2 所示。

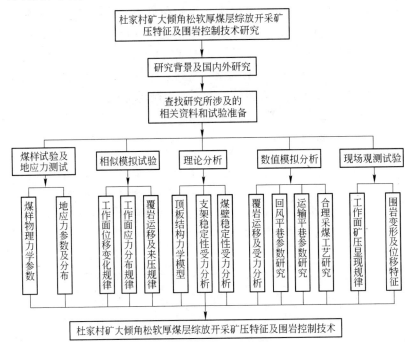

图 1-2　技术路线及试验方案框架图

1.4　本书内容结构

本书首先分析了国内外大倾角煤层开采技术研究现状；接着对该类煤层典型矿井杜家村矿大倾角松软厚煤层开采的地质力学进行了评价；根据杜家村矿 1201 工作面地质力学条件，按照相似模拟试验理论，利用 EMW 平面模型，对大倾角松软厚煤层开采过程中走向和倾向矿压显现规律进行模拟研究；分析了大倾角综放开采过程中，支架上方顶部煤岩的变形、运移和破坏复杂过程及自身重力、煤层倾角、煤岩相互作用力等多种影响因素，建立了大倾角厚煤层综放开采的上覆煤岩力学模型，分析了大倾角综放采场的顶板结构形式及支架与围岩的关系，为支架参数的选定和上覆煤岩的矿压显现控制提供依据；采用 FLAC3D 大型数值软件，分析了大倾角特软煤层煤巷采用不同巷道断面、支护方式、支护参数时的矿压特征，对比在不同巷道断面、支护方式、支护参数条件下，巷道围岩的位移变形情况、应力分布情况、塑性区分布情况等，提出适合杜家村矿大倾角特软回采巷道的支护方案，并通过现场矿压观测进行方案验证；最后从支架控制原则、支架选型、支架稳定性控制、煤壁稳定性及采场合理的采煤工艺等方面分析采场围岩控制技术。

2 工程概况与地质力学评价

开展大倾角松软厚煤层开采矿压规律及控制技术研究，有必要首先对杜家村矿的工程地质条件及地质力学进行分析研究，以为采场围岩控制提供依据。本章分析了该矿的工程概况，对首采面进行了地应力测试，对采面煤岩进行了点载荷试验，并进行了地质力学测试。

2.1 井田及地质概况

2.1.1 井田位置

井田位于静乐县县城东北方向杜家村村北，距县城 31km，忻州市 88km，太原市 160km，忻（州）—保（德）干线公路从井田南通过，西接太—宁公路，距宁武火车站 64km，交通条件较为便利，随着宁静铁路开始修建，该矿的交通运输状况将大大改观（交通地理位置详见图 2-1）。井田范围的地理坐标为东经 $112°07'14'' \sim 112°08'42''$，北纬 $38°34'38'' \sim 38°36'33''$，直角坐标，由 11 个拐点坐标圈定：6 度带，中央子午线 111°。井田南北长 3.54km，东西宽 1.25km，面积 4.8554km²，为一较规则南北向的长方形。

2.1.2 井田地质特征

2.1.2.1 地层

根据地质报告提供的有关资料，由井田东边界外的中奥陶统依次向西出露有石炭系中统本溪组、上统太原组、二叠系下统山西组、下石盒子组、二叠系上统上石盒子组、石千峰组、三叠系刘家沟组

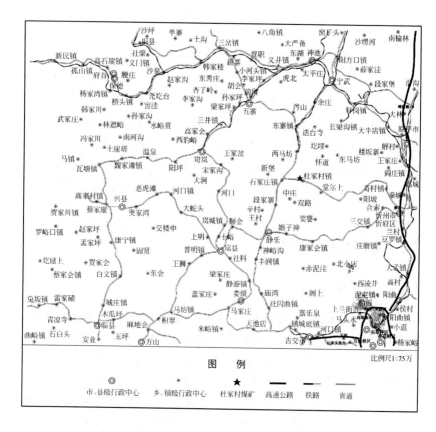

图 2-1   交通地理位置图

地层，具体地层情况如图 2-2 所示。

现结合钻孔揭露情况由老到新分述如下：

（1）奥陶系中统马家沟组（O_2）。井田东边界外有大面积出露，据 D6 号水文孔，揭露此层位 127.93m。根据钻孔揭露、地面出露以及邻近矿区的地层情况，岩性主要为灰色石灰岩、白云质灰岩夹泥岩、泥灰岩薄层，本统厚 550m 左右。

（2）石炭系（C）。中统本溪组（C_2b）平行不整合于中奥陶统马家沟组灰岩之上。底部为山西式铁矿和铝土矿。中上部为灰白色中、细粒石英砂岩、灰色砂质泥岩、泥岩及薄层石灰岩，中夹煤线；

地 层 单 位				柱状	层厚/m	累厚/m	岩 性 描 述
界	系	统	组				
新生界	第四系				4.76	12.36	泥 岩
古 生 代	二 叠 系	山 西 组			9.59	21.95	中砂岩
					8.05	30.00	泥 岩
					10.00	40.00	中细砂岩
					2.00	42.00	泥 岩
					2.50	44.50	中砂岩
					2.50	47.00	泥 岩
					8.00	55.00	中砂岩
					7.50	62.50	泥 岩
					2.00	64.50	粉细砂岩
					9.00	73.50	细砂岩
					3.00	76.50	粗砂岩
					10.23	86.73	泥 岩
					9.59	96.32	中砂岩
					2.20	98.52	粗砂岩
					1.51	100.03	细砂岩
					8.96	108.99	粉砂岩
					18.30	127.29	细砂岩
					13.21	140.50	中细砂岩
					5.32	145.82	中砂岩
					4.18	150	粉砂岩
					1.76	151.76	砂岩互层
					10.24	162.00	中砂岩
					14.50	176.50	细砂岩
					9.00	185.50	煤 2
					7.50	193.00	泥岩
					2.00	195.00	细砂岩
					10.50	205.50	粗砂岩
					12.50	218.00	细砂岩
					6.00	224.00	粉细砂岩

图 2-2　地层综合柱状图

厚 32.77 ~ 37.00m，平均 35.00m；地面出露在东边界外附近。

上统太原组（C_3t）与下伏本溪组整合接触。为一套海陆交互相沉积，其岩性主要由灰色、灰黑色、黑色等中、细粒砂岩、砂质泥岩、泥岩和 2 号、3 号、5 号、6 号煤层及石灰岩组成。全组厚 71.00 ~ 112.44m，平均 93.00m。底砂岩（K）为中、细粒石英砂岩，层位较稳定，为本组与下伏地层的分界标志。本组地层出露于井田的东部边界上。

（3）二叠系（P）。下统山西组（P_1s）与下伏太原组整合接触。为一套陆相沉积，岩性主要由灰白色、灰黑色和黑色中、细粒砂岩、砂质泥岩、泥岩及薄煤层组成。全组厚 42.00 ~ 78.00m，平均 67.00m。下统下石盒子组（P_1x）与下伏山西组整合接触。底部为灰白色中、细粒石英砂岩（K_4），相当于西山煤田的骆驼脖子砂岩，泥质胶结，含炭粒及浅绿色泥质小斑点，层位较稳定。全组厚 77.70 ~ 140.50m，平均 106m。本组地层出露于井田东部。

上统上石盒子组（P_2s）与下伏下石盒子组地层整合接触，分上、中、下三段。上统石千峰组（P_2sh）主要以砖红色泥岩及紫红色中、细粒砂岩为主，下部为石膏泥岩带，往上以砂岩为主，泥质胶结，交错层理发育，易风化。底部为紫红色含砾粗粒砂岩，厚层状，以石英长石为主，泥质胶结，具斜层理。该组地层与下伏上石盒子组地层整合接触。出露于井田的西部边界附近，本组厚 200m 左右。

（4）三叠系（T）。在井田的西北角出露刘家沟组地层，出露厚大于 50m。以灰紫、紫红色或砖红色薄板状中 ~ 细粒长石、石英砂岩为主，夹薄层紫红色砂质泥岩，大型交错层理。与下伏地层整合接触。

（5）第四系（Q）。中更新统（Q_2）分布于木头沟两侧的山坡上 0 ~ 15.00m，不整合于下伏地层之上。全新统（Q_4）为近代河床冲积、洪积而成的泥沙、砾石层及河谷两侧的残坡积物，厚度 4.50 ~ 12.85m。分布于井田中部的木头沟河内。

2.1.2.2　井田主要构造情况

杜家村矿井田位于宁武向斜东翼，地层出露情况及煤层底板等高线图表明，其基本构造形态大体为一单斜构造，地层走向为北东，倾向为北西，倾角一般为 35°~45°，最大可达 55°，井田东南角有两条断裂构造，断裂带附近能见到近直立地层。

杜家村正断层：横穿井田南部，跨井田东南角，断层走向北东~南西，断层面倾向南东，倾角 73°。在上村北沟内见 O_2 灰岩与 P_1x 黄绿色中粒砂岩，与灰黄色砂质泥岩接触。在杜家村正断层北，木头沟东侧，根据地层出露情况，推测在黄土中有一落差 45m 的正断层，走向北北东，倾向南东，与杜家村正断层在区南界外斜交。

在井下 +1200m 巷道北部掘进过程中发现 3 个连续的断层，断层落差介于 1.5~5m；2008 年 3 月 12 日，在新副斜井上段掘进到 +1320m 时，发现一断层，将 3 号煤层断开，顶板有两处相邻出水点，水量分别约为 $4m^3/h$、$6m^3/h$，经过打钻验证，断层落差约 12m；随着巷道的继续掘进，又陆续发现 5 条落差介于 2~4.5m 的断层；另外，在井下主水仓位置，根据地层情况，推测有一条落差十几米的断层。

2.1.2.3 井田煤层赋存情况

（1）含煤地层。井田内主要含煤地层为石炭系上统太原组，其次为二叠系下山西组，但山西组在本井田内没有可采煤层。太原组共含煤 4 层，自上而下编号为 2 号、3 号、5 号、6 号，均为可采煤层，煤层总厚 16.36m，含煤地层总厚 93.00m，含煤系数 17.59%。

（2）可采煤层。

1）2 号煤层。井田内主要可采煤层，技改前为杜家村矿开采煤层，赋存于太原组顶部，上距 K_3 砂岩 3~5m，下距 L_3 石灰岩 30~50m，煤厚为 0.40~11.25m，平均煤厚 7.13m，属厚煤层，结构较简单，煤层不含夹矸，全井田基本可采，仅在中东部的 D4 号孔中不可采，厚度 0.40m。中南部从西南向东北有变薄的趋势，中北部由东往西有变薄的趋势。顶板为泥岩及砂质泥岩，底板为砂质泥岩或泥岩。2 号煤层属全井田可采的较稳定煤层。

2）3 号煤层。赋存于太原组的中下部，上距 2 号煤层 30~50m。煤厚 0~2.70m，平均 1.16m，属薄煤层，结构简单，不含夹矸，在井田内大面积发育，仅在 D1 号孔中尖灭。厚度变化在可采范围内，中部的 D4 号孔最厚，向南北两头有变薄的趋势。为局部可采的不稳定煤层，顶板为 L_3 石灰岩或泥岩、砂质泥岩，底板为砂质泥岩、泥岩或粉砂岩。

3）5 号和 6 号煤层。赋存于太原组的下部，有分叉合并现象，在矿区的中东部分叉，西南部合并，合并后的煤层明显增厚，分叉后的煤层由中部向北部的变化趋势是：间距变得越来越大，煤层变薄，顶板岩性由泥岩或砂质泥岩、粉砂岩等组成，底板岩性由砂质泥岩、泥岩或细粒砂岩等组成。5 号和 6 号煤层全井田基本可采。

具体可采煤层特征情况如表 2-1 所示。

表 2-1 可采煤层特征表

煤层编号	煤层厚度/m			层间距/m	煤层结构	煤层稳定程度	可采情况
	最大	最小	平均				
2	11.25	0.4	7.13	$\dfrac{31.00 \sim 54.13}{47.89}$	简单	较稳定	大部分可采
3	2.70	0	1.16		简单	不稳定	局部可采
5 和 6	12.72	9.06	10.60	$\dfrac{5.50 \sim 18.00}{10.81}$	简单	较稳定	大部分可采

2.1.3 杜家村矿大倾角工作面开采技术条件

2.1.3.1 工作面位置

1201 工作面位于井田南翼，北起 +1200 水平南翼大巷及 1201 运煤下山，南至该面切眼，东、西两侧分别以该面回风巷和运煤巷为界。工作面地面标高 +1473.0 ~ +1535.6m，井下标高 +1209.8 ~ +1116.1m，埋深 348.2 ~ 368.0m，工作面走向长 460m，倾斜长 143 ~ 150m，平均 146m。落煤通过运煤巷、运输下山、主（斜）井的运输设备提升至地面。

2.1.3.2 工作面地质条件

该工作面地质构造主要是断裂构造，属于简单类型。在掘进中仅揭露几条小型断层，且均为正断层（见表2-2）。此外，在煤层中经常可见到因受挤压而产生的裂隙及"摩擦镜面"，这些断裂构造，对煤层完整性产生破坏，未揭露褶皱构造、岩浆侵入、陷落柱等其他构造。

表2-2　断层情况

序号	断层编号	走向/(°)	倾向/(°)	倾角/(°)	性质	落差/m	对回采工作的影响程度
1	F临1	30	300	50	正	4.0	在切眼下段揭露，对该面回采工作有一定影响
2	F临2	145	235	57	正	2.0	在运煤巷揭露，对该面回采工作有一定影响
3	F临3	112	202		正	0.4	两条小断层组成一小型地垒，仅造成顶板破碎，对回采影响不大
4	F临4	80	350		正	0.5	

2.1.3.3　工作面采煤方法及采煤工艺

（1）采煤方法。1201大倾角综放工作面采用走向长壁后退式采煤法，采煤机采取端部开缺口斜切进刀，进刀段长度不少于23m，进刀深度0.6m。下行割煤，采煤机割煤至下出口后，下滚筒降下，上滚筒升起，上行挑顶扫底，煤机空刀上行，其后将输送机推直。煤机上行至上出口割三角煤，然后反向斜切进刀，推移刮板输送机，完成斜切进刀过程。

（2）放煤工艺。1201大倾角综放工作面采用单轮间隔顺序放煤，即工作面移架完毕，由下向上依次进行放煤。首先收缩插板，降低尾梁，然后再升尾梁，反复进行，放出大约为2/3的煤量后，再打开插板堵住煤口，进行下一架放煤，直至本段第一轮放煤结束，然后按照第一轮放煤顺序进行第二轮放煤；等到有矸石放出时，打开插板，挡住矸石，防止矸石进入后部运输机，再进行下一架的放煤工作，直至第二轮结束。同样，另一组也按上述要求放煤。放煤为采二放一，放煤步距1.2m。煤层总厚度为7.13m，放煤高度4.83m，割煤高度2.3m，采放比为1:2.1。

2.1.3.4　工作面配套支架情况

工作面支架主要采用郑州煤机厂生产综放支架,具体型号为:中间支架型号为 ZF6000/17.5/28,过度支架型号为 ZFG6000/18/28。支架具体性能指标如表2-3所示。

表2-3　支架型号及性能情况

参　数	规　格　型　号		备　注
	中间支架	过渡支架	
型　号	ZF6000/17.5/28	ZFG6000/18/28	
高度/mm	1750～2800	1800～2800	
中心距/mm	1500	1500	
宽度/mm	1430～1600	1430～1600	
初撑力/kN	4344～5232	4344～5232	$p=31.5MPa$
工作阻力/kN	4995～6013	4995～6013	$p=36.1MPa$
支护强度/MPa	0.88～0.89	0.86～0.91	$p=36.1MPa$
底板比压(前端)/MPa	0.2～0.5	0～0.5	$f=0.2$
泵站压力/MPa	31.5	31.5	
操纵方式	邻　架	邻　架	

2.1.3.5　回采巷道布置情况

(1)采区设计、采区巷道布置概况。1201(南)工作面位于+1200水平2号煤一采区下山南翼,由南向北开采,切眼位置布置在井田南边界,该面东临2205工作面(已部分开采)。+1200水平2号煤一采区采用联合布置,沿2号煤层伪倾斜布置轨道下山,沿2号煤层顶板布置运输和回风下山。1201(南)工作面上下两巷平行布置。1201回风顺槽开门于+1200水平轨道南大巷,全长680m,并与南翼回风下山相连。运输顺槽从1201南运输下山下部开门,长460m,通过1201南运输下山与主井相连。

(2)1201工作面回风顺槽(轨道巷)情况。1201(南)工作面回风顺槽沿煤层底板布置。巷道为矩形断面,净宽×高=3.5m×

2.6m，用于材料运输与回风，采用 12 号工字钢棚支护。回风顺槽内沿下帮安装 ϕ57mm 防尘管路、排水管路各一趟（每 100m 设置三通阀门一个）、敷设 ϕ89mm 钢管作注浆管路一趟、ϕ219mm 瓦斯抽放支管一趟；供电电缆、通讯管线皆沿回风顺槽上帮设置。

（3）1201 工作面运输顺槽情况。1201（南）工作面运输顺槽沿煤层顶板布置。巷道为梯形断面，净宽×高 = 3.5m×2.6m，采用锚带网支护。运输顺槽主要布置工作面转载机和胶带输送机，用于煤炭运输与进风；同时在巷道下帮侧设有水沟，用于工作面排水。

运输顺槽内沿下帮布置 ϕ108mm 的防尘管路、排水管路、注氮管路各一趟，敷设一趟 ϕ140mm 的钢管作为瓦斯抽放管；上帮设置信号线、动力电缆及转载机和胶带输送机。

（4）工作面切眼。切眼为矩形断面，采用锚带网 + 工字钢棚 + 单体支柱支护，沿煤层底板布置。断面为净高 2.6m，净宽 6.6m，断面积为 17.16m^2。

2.2 杜家村矿地质力学评价

2.2.1 1201 采面两巷地应力测试

地应力是存在于地壳内部未受扰动的天然应力，主要由重力作用和构造运动影响所致，其中，水平构造运动对地应力影响尤其较大。地球无数次不同程度的构造运动过程中，应力场的多次叠加、牵引和改造影响，导致了地层中某一区域的地应力不可能通过数学计算或建模分析直接获取。采矿工程中，若要研究岩体力学属性、上覆岩层的运移破坏规律、围岩稳定性分析与控制等，就必须通过地应力测试来真实掌握地应力状态。

2.2.1.1 地应力测试的原理及方法

地应力测试的目的就是要确定岩体深部某点三维应力状态，岩体中该点三维应力状态可由坐标系中六个应力分量表示，如图 2-3 所示。在无扰动情况下，六个应力分量处于相对平衡时，无法测得。我们可以通过扰动（如打钻孔），打破原受力平衡，形成新的平衡状

态，通过传感器将两种平衡状态之间的
岩体应变和位移变化数据记录下来，再
根据岩石应力-应变本构关系和建立的相
应力学计算模型，分析观测到的应变或
位移数据，可计算出测点地应力六个分
量或三个主应力状态（大小和方向），
也即测出了该点的地应力状态。

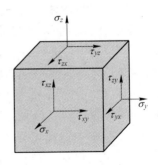

图 2-3   岩体中任一点的应力
状态（六个应力分量）

测量地应力最常用的两种方法是二
维水压致裂法和单个孔测量一点三维应
力状态的套孔应力解除法，通过对比发
现，水压致裂法虽然是一种二维地应力
测量方法，但是能够测量地壳深部的地应力，只是测量不够精确。
为了对杜家村煤矿的地应力进行精确测量，在对山西地区地质构造
分布规律研究的基础上，结合对杜家村矿的地质构造规律和区域构
造应力场特征的认识，本书地应力测量方法选用空芯包体套孔应力
解除法。

空心包体套孔应力解除法是通过打钻孔，解除原岩应力，实现
地应力扰动。具体应力解除过程如图 2-4 所示。

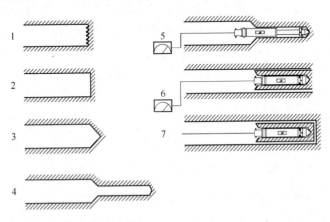

图 2-4   空心包体应变法应力解除过程示意图

现场设计的钻孔应力解除技术主要有以下几个步骤：

（1）打大孔（见图2-5）：用定向钻机向围岩钻进应力解除孔，设计孔深12m，直径130mm，保证钻孔上倾3°～5°，便于降温水的流出和清洗钻孔。

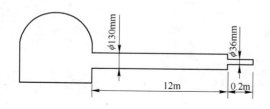

图2-5　钻孔结构示意图

（2）做锥形孔底：为保证后面的小孔与大孔同心，在孔深达到12m时换锥形钻头做锥形孔底。

（3）打小孔：用特制的小钻头继续向里打 $\phi36mm$，深200mm的小孔。

（4）清洁小孔：先后用风管、蘸有酒精的湿毛巾、干毛巾清理小孔，以保证包体与小孔岩壁粘接牢固。

（5）安全包体：将装有黏结剂的包体固定在定向器上，通过不断接长推杆慢慢地将其送入小孔，送入过程中注意固定销的剪断。

（6）拔出定向器，分级深度（3cm）钻进解除套心，记录数据。

在第一测点测试完后，可在孔底重新打锥形孔底小孔，重复以上步骤，进行第二次测试。

本次测试采用 CSIRO 型空心包体应变计，为消除温度变化可能对测量结果造成的影响，在应力计的顶部加设了一个补偿应变片，如图2-6所示。应变仪为 KBJ 型智能数字应变仪（测试精度为0.1%），如图2-7所示。定位器、测试泊松比和岩心弹模的率定器为中国地质科学院地质力学研究所生产，如图2-8和图2-9所示。

2.2.1.2　地应力分量与方向的计算

设岩体中某一点的六个应力分量为 $\sigma_x, \sigma_y, \sigma_z, \tau_{xy}, \tau_{yz}, \tau_{zx}$，三个主应力为 $\sigma_1, \sigma_2, \sigma_3$，理论上可用9个方向余弦或9个夹角值确定大地

图 2-6　CSIRO 型空心包体应变计　　　图 2-7　KBJ 型智能数字应变仪

图 2-8　空心包体探头定位器安装　　图 2-9　泊松比和岩心弹模的率定器

坐标系 XYZ 的关系，但实测中，由于钻孔与岩层、大地坐标系总会呈某一仰角或俯角，假设在钻孔坐标系 xyz 下的地应力是实测地应力，在已测地应力全部分量和两套坐标系相对条件下，通过坐标变换即可获得 XYZ 坐标下的应力分量，从而求得主应力的大小和方向。

根据空心包体应变计所测量应变数据计算地应力的公式为：

$$\varepsilon_\theta = \frac{1}{E}\{(\sigma_x + \sigma_y)k_1 + 2(1 - \nu^2)[(\sigma_y - \sigma_x)\cos2\theta - 2\tau_{xy}\sin2\theta]k_2 - \nu\sigma_z k_4\} \tag{2-1}$$

$$\varepsilon_z = \frac{1}{E}[\sigma_z - \nu(\sigma_x + \sigma_y)] \tag{2-2}$$

$$\gamma_{\theta z} = \frac{4}{E}(1 + \nu)(\tau_{yz}\cos\theta - \tau_{zx}\sin\theta)k_3 \tag{2-3}$$

式中　$\varepsilon_\theta, \varepsilon_z, \gamma_{\theta z}$——应变计所测周向应变值、轴向应变值及剪切应变值。

系数 k 计算公式为：

$$k_1 = d_1(1 - \nu_1\nu_2)\left[1 - 2\nu_1 + \frac{R_1^2}{\rho^2}\right] + \nu_1\nu_2 \tag{2-4}$$

$$k_2 = (1 - \nu_1)d_2\rho^2 + d_3 + \nu_1\frac{d_4}{\rho_2} + \frac{d_5}{\rho^4} \tag{2-5}$$

$$k_3 = d_6\left(1 + \frac{R_1^2}{\rho^2}\right) \tag{2-6}$$

$$k_4 = (\nu_2 - \nu_1)d_1\left(1 - 2\nu_1 + \frac{R_1^2}{\rho^2}\right)\nu_2 + \frac{\nu_1}{\nu_2} \tag{2-7}$$

其中，

$$d_1 = \frac{1}{1 - 2\nu_1 + m^2 + n(1 - m^2)} \tag{2-8}$$

$$d_2 = \frac{12(1 - n)m^2(1 - m^2)}{R_2^2 D} \tag{2-9}$$

$$d_3 = \frac{1}{D}\left[m^4(4m^2 - 3)(1 - n) + x_1 + n\right] \tag{2-10}$$

$$d_4 = \frac{-4R_1^2}{D}\left[m^6(1 - n) + x_1 + n\right] \tag{2-11}$$

$$d_5 = \frac{3R_1^4}{D}\left[m^4(1 - n) + x_1 + n\right] \tag{2-12}$$

$$d_6 = \frac{1}{1 + m^2 + n(1 - m^2)} \tag{2-13}$$

$$n = \frac{G_1}{G_2}; \qquad m = \frac{R_1}{R_2} \tag{2-14}$$

$$D = (1 + x_2 n)\left[x_1 + n + (1 - n)(3m^2 - 6m^4 + 4m^6)\right] +$$
$$(x_1 - x_2 n)m^2\left[(1 - n)m^6 + (x_1 + n)\right] \tag{2-15}$$

$$x_1 = 3 - 4\nu_1; \quad x_2 = 3 - 4\nu_2 \tag{2-16}$$

式中　R_1——空心包体内半径；

ν_1, ν_2——分别为环氧树脂及岩石的泊松比；

ρ——电阻应变片与空心包体间径向距离；

R_2——安装小孔半径大小；

G_1，G_2——分别为环氧树脂及岩石剪切模量。

注：上述公式均可由中国地质科学院地质力学研究所计算机软件计算。

2.2.1.3 地应力测试的结果分析

（1）地应力测点位置。在充分考虑地应力测量地点具有代表性、岩层要完整、避免回采掘进和断层影响的前提下，将地应力测点布置在 -250m 水平，具体测点布置如图 2-10 所示。

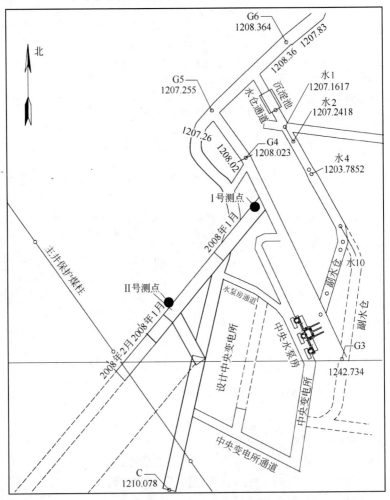

图 2-10 杜家村煤矿地应力测点布置图

（2）Ⅰ号钻孔测量结果。如图 2-10 所示，Ⅰ号测点位置为坚硬砂岩，较为破碎，测孔的安装角为 0°，倾斜角为 4°，方位角为 320°，大孔的深度为 10m，测点距地表的深度为 244m。该测点包体的应力解除曲线如图 2-11 所示。

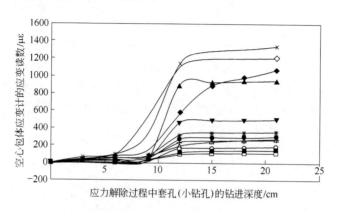

图 2-11　Ⅰ号钻孔包体应力解除曲线

由图 2-11 可知，随解除距离增加，应变片趋于收敛，并达到一定数值。其中解除距离在测量平面（10cm）之前，应变值变化不大且整体平稳，超过测量平面后，不同位置处的应变值明显增大，并在最后均趋于收敛并达到某一数值，该应变值被用来计算应力大小。使用围压率定器测得岩石的弹性模量和泊松比如表 2-4 所示。

表 2-4　Ⅰ号钻孔岩石力学参数表

岩　性	泊 松 比	弹性模量/MPa
泥　岩	0.22	12600

Ⅰ号包体各应变片的稳定应变值如表 2-5 所示。

表 2-5　Ⅰ号包体应变片的最后一组读数

red(1-4)	1073	142	279	1340
red(5-8)	351	301	263	1202
red(9-12)	499	187	112	940

计算可得该测点的应力状态。计算结果如表 2-6 所示。

表 2-6　Ⅰ 号包体计算结果统计表

主应力	应力值/MPa	$\sigma_1 = 6.64$	$\sigma_2 = 5.80$	$\sigma_3 = 4.12$
	方位角/(°)	$\alpha_1 = 205$	$\alpha_2 = -64$	$\alpha_3 = 187$
	倾角/(°)	$\gamma_1 = 1$	$\gamma_2 = 0.4$	$\gamma_3 = 89$

（3）Ⅱ 号钻孔测量结果。如图 2-10 所示，Ⅱ 号测点位于一硐室内，岩石为坚硬砂岩，裂隙发育。该测孔的安装角为 0°，倾斜角为 4°，方位角 320°，大孔的深度 10m，测点距地表的深度为 256m。该测点包体的应力解除曲线如图 2-12 所示。

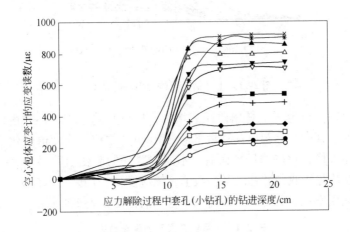

图 2-12　Ⅱ 号钻孔包体应力解除曲线

从图 2-12 可以看出，随着解除距离的增加，应变片趋于收敛并达到一定数值。其中解除距离在测量平面（10cm）之前，应变值变化不大且整体平稳，超过测量平面后，不同位置处的应变值随即明显增大，并在最后均趋于收敛并达到某一数值，该应变值被用来计算应力大小。

使用围压率定器测得岩石的弹性模量和泊松比如表 2-7 所示。Ⅱ 号包体各应变片的稳定应变值如表 2-8 所示。

表 2-7　Ⅱ号钻孔岩石力学参数表

岩　性	泊松比	弹性模量/MPa
砂　岩	0.18	27000

表 2-8　Ⅱ号包体应变片的最后一组读数

red(1-4)	740	246	300	923
red(5-8)	900	227	484	701
red(9-12)	803	344	540	860

计算可得该测点的应力状态。计算结果如表 2-9 所示。

表 2-9　Ⅱ号包体计算结果统计表

主应力	应力值/MPa	$\sigma_1=13.36$	$\sigma_2=12.73$	$\sigma_3=10.36$
	方位角/(°)	$\alpha_1=184$	$\alpha_2=17$	$\alpha_3=97$
	倾角/(°)	$\gamma_1=-28$	$\gamma_2=-61$	$\gamma_3=5$

汇总Ⅰ号和Ⅱ号钻孔的地应力测试结果，如表 2-10 所示。

表 2-10　地应力测试结果汇总表

钻孔位置与测点深度	主应力				垂向应力/MPa
	σ	大小/MPa	方位角/(°)	倾角/(°)	
Ⅰ号钻孔深244m	σ_1	6.64	205	1	4.12
	σ_2	5.80	-64	0.4	
	σ_3	4.12	187	89	
Ⅱ号钻孔深256m	σ_1	13.36	184	-28	12.84
	σ_2	12.73	17	-61	
	σ_3	10.36	97	5	

（4）杜家村煤矿地应力测试结果分析。

从表 2-10 中可以看出：Ⅰ号钻孔，最大主应力 $\sigma_1=6.64\text{MPa}$，方位角为 205°，倾角为 1°；Ⅱ号钻孔，最大主应力 $\sigma_1=13.36\text{MPa}$，方位角为 184°，倾角为 -28°。测试结果表明杜家村矿最大主应力方向为近似水平方向，其值大约为垂直应力的 1.04 ~ 1.38，杜家村矿地应力场主要以水平构造应力为主；最大主应力的走向方位角在

184°~205°之间，为北东-南西方向，与杜家村断层的夹角小于45°，符合应力分布规律。

由上述工程地质条件可知，本区位于中国北部巨型的祁吕贺兰山字型构造系东翼中段的内侧，山西地块中北部，吕梁隆起北段之东翼，来自北西西（鄂尔多斯地区）方向的压应力，在宁武煤盆地东缘形成一系列逆断层和褶曲。在宁武煤盆地的东缘，由于受到五台古老地块的抵抗，也形成了逆断层，这样就形成了宁武煤盆地南部的构造形态。构造线总体方向为北北东—南南西向。除此之外，在煤盆地轴部，受边缘构造影响较小，还局部保留有与山西陆台南北向翘起同时形成的南北向褶曲的残留部分。杜家村煤田位于宁武煤盆地的东缘，以断裂构造为主，褶曲为辅。井田内发育有两条断裂构造，受断层影响，最大主应力方向与断层夹角小于45°，符合应力分布规律，如图2-13所示。

2.2.2　1201采面煤层普氏系数测定

2.2.2.1　普氏系数的测试方法及仪器

点荷载法试验是将具有一定尺寸及形状系数的岩石试件，置于点荷载仪上下两个加荷锥之间，利用机械装置，施加荷载至试件破坏，然后根据测试记录的试件破坏载荷和加荷点间距，计算出试件材料的强度指数。这种加荷方式和所加的荷载称为点荷载。上述的试件尺寸与形状系数，除自身固有的常识性涵义以外，更有其各种特定的涵义："尺寸"指的是包含两个加荷点在内的试件破坏截面在垂直于加荷轴方向上的平均宽度（径向试验指的是试件直径），它相当于常规压缩试验中圆柱状试件的直径、方柱状试件或立方体试件的边长；"形状系数"指的是试件加荷点间距对尺寸的比值，相当于常规压缩试验中的试件高径比或高宽比。

试验证明，岩石试件的材料相同而规格不同，测试结果也不同。由于测试不同而引起测试值不同，称为尺寸效应；形状系数不同造成测试值不同称为形状系数效应。为了比较各试件的强度测试结果，尺寸效应和形状系数效应都必须加以修正。符合基准条件的试件称

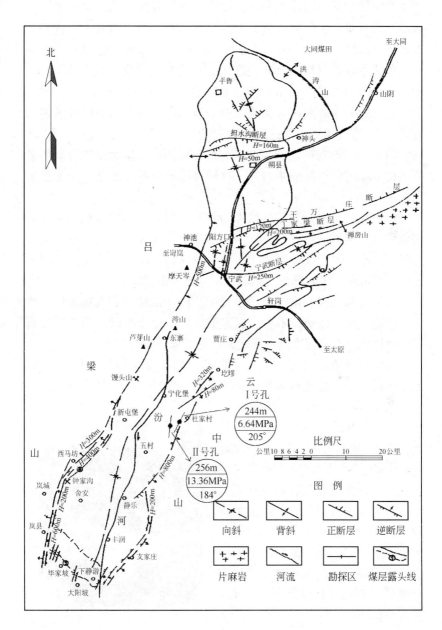

图 2-13　杜家村煤田最大主应力方向示意图

为基准试件，其他则称为非基准试件。点荷载试验的结果，用点荷载强度指数表示。强度指数 I_s 是由试件破坏荷载 P 和加荷点间距 D 直接计算求得，$I_s = P/D^2$。非基准试件的强度指数经过尺寸效应修正和形状系数效应修正后的强度指数称为基准强度指数，用 $I_{s(n)}$ 表示，以 MPa 为单位，其下标括号中的 n 为基准尺寸，以 mm 为单位。点荷载试验的加荷方式与常规试验采用承压板施加均布荷载的加荷方式不同，因而形成了自身的诸多特点：

（1）加荷锥对试件施加荷载时接触面积小，从而使试件破坏总荷载比常规试验所需的小得多，这样可以把仪器轻型化，便于携带到现场试验。

（2）由于接触面积小，试件不需要进行专门的机械加工，只需用地质锤等简单工具将工程钻探岩心或取自露头的岩块进行粗略加工修整后便可作为试件使用，从而为在现场开展岩石力学强度测试工作开辟道路，大大降低了试验成本，缩短试验周期。

（3）点荷载试验由于采用不规则块体作试件进行现场测试，解决了常规试验工作中，不易按规定要求加工成标准试件的软弱岩石或严重风化岩石的强度测定问题，填补了这类岩石强度测试的空白。

（4）利用点荷载与常规岩石强度对比试验研究得出的相关关系，在现场做一组点荷载试验便能同时提供几种有关的岩石力学数据。

由此看来，点荷载试验具有快速、简便、成本低并可弥补常规试验的不足等特点，也是它的优点所在。

点荷载仪是测定岩石试件点荷载强度指数的仪器，试验使用的 SZDH-100/20 型数字式点荷载仪，主要用于岩石点荷载试验及软岩单轴抗压试验；点荷载仪由主机、手动油泵和 SZCL-01 型数字式测量仪三部分构成。

（1）主机（见图 2-14）。最大

图 2-14 主机

试验力：100kN；量测范围为 80kN。试验空间：立柱有效测距为 130mm，上下压头测头范围为15～150mm；活塞行程为 0～50mm。最大工作油压为 51MPa；配备锥形压头（锥尖弧半径为 5mm，夹角为 60°）和圆形压头（直径为 50mm）。

图2-15 显示器

（2）显示器（见图 2-15）。两条测量通道，满刻度 ±5V 模拟电压信号输出，4 位数字直读显示，具备峰值测量、满刻度调节、平衡调节、精确度校准、线性修正、超限报警和 R232 微机接口。试验力测量：有效范围 80kN，最大可达 100kN；最小分辨率为 5N；测量指示范围与精确度：四级量程 0～100kN 和 0～50kN 的精确度为示值的 ±1%，0～20kN 和 0～10kN 的精确度为示值的 ±2%。位移测量：最大位移范围 20mm；最小分辨率为 1μ；测量精确度：四级量程，0～20mm、0～10mm、0～4mm 和 0～2mm 的精确度均优于 ±1%。

（3）手动油泵（见图 2-16）。最大供油压力为 63MPa，点荷载仪允许工作压力为 55MPa。

图2-16 手动油泵

（4）电源。供电电压：AC220V，50Hz。最大功率：6W。使用环境 温度：10～40℃；湿度：小于85%。

重量及外形尺寸

1）主机：外形尺寸（高×宽×厚）为 450mm×220mm×170mm；重量 20kg。

2）数字式测量仪：外形尺寸为 235mm×155mm×310mm；重量 2.5kg。

3）手动油泵：外形尺寸为 450mm×175mm×170mm；重量 3kg。

2.2.2.2 首采面煤岩强度点荷载测试方法分类

根据国际岩石力学协会的建议，点荷载试验分为径向试验、轴向试验、方块体试验和不规则块体试验。

径向试验取 5.0cm 作为基准试件尺寸，不同尺寸试件的原始强度指数应进行尺寸效应修正。轴向试验、方块体试验和不规则块体试验取尺寸 5.0cm、形状系数为 1 的试件作为基准试件。不同规格试件的原始强度指数应进行尺寸效应修正和形状系数效应修正。

（1）径向试验。径向试验的特点是加荷方向与钻取岩心的方向垂直。其原始强度指数只需进行尺寸效应修正，而不需考虑形状系数效应的修正。径向试验影响因素虽然很少，但是它在工程实践中的应用十分有限，因为工程需要了解的往往是荷载方向上的岩石硬度，而工程钻探取岩心的方向往往与加荷方向一致，所以径向试验在加荷方向上不符合工程要求。

（2）轴向试验。轴向试验特点是加荷方向与钻探岩心方向一致，其形状系数效应远远大于尺寸效应。轴向试验的影响因素虽然比径向试验多，但是，由于试件的受力方向与工程建筑物的受力方向一致而被广泛应用。它既适用于各向同性的均质岩心，也适用于各向异性的非均质岩心，是测定岩心试件强度各向异性指数不可缺少的手段。

（3）方块体试验。方块体试验属于轴向加荷范畴，其原始强度指数可按轴向试验的修正方法进行修正。

这种试验的试件主要是作为工程材料的水泥砂浆试块。

（4）不规则块体试验。所谓不规则块体是从天然或人工露头敲取下来的，具有一定体积的岩块，用地质锤等简单工具略加修整达到基本成形即可用于试验的试件，它最能体现点荷载的特点和优点。

　　不规则块体试验的尺寸效应和形状系数效应比规则试件更为显著，试验结果更为分散。但是，只要对不规则块体的尺寸与形状系数予以足够重视并适当增加其平行试验的数量，再对其原始强度指数加以修整和形状系数效应修正，不规则块体试验结果的精度仍然是能够满足工程实践要求的。特别是在没有岩心可以利用或工程钻探取不出完整岩心时，不规则块体试验的实用价值更为突出。

2.2.2.3　普氏系数点荷载法测试原理

A　原始强度指数

原始强度指数计算公式为：

$$I_s = 10P/D^2$$

式中　I_s——原始强度指数，MPa；

　　　P——破坏荷载，kN；

　　　D——试件加荷点间距，cm；

　　　10——单位换算常数。

B　基准强度指数

（1）尺寸效应修正系数。计算公式为：

$$K_{d(50)} = 1.2828 \times (\lg d) \times 0.6954$$

式中　$K_{d(50)}$——试件尺寸效应的修正系数。

（2）形状系数效应的修正系数。计算公式为：

$$K_f = 0.3161e \times \{2.3034[D/d + \lg(D/d)]/2\}$$

式中　K_f——形状系数效应的修正系数；

　　　D——试件加荷点间距，cm；

　　　d——试件平均宽度，cm；

　　D/d——试件形状系数；

　　　e——常数，约等于 2.7183。

（3）基准强度指数。按下式计算基准强度指数：

$$I_{s(50)} = I_s K_{d(50)} K_f = 4.055 \times (\lg d) \times 0.6954 \times e \times$$

$$2.3034[D/d + \lg(D/d)]/2 \times P/D^2$$

C 基准强度指数平均值

计算每组点荷载试验的 $I_{s(50)}$ 平均值，应先从一组有效试验数据中舍去两个（或一个）最高值和最低值，再计算剩余有效数据的平均值。当有效数据超过 10 个时，应舍去两个最高值和两个最低值；有效数据等于或小于 10 个，只舍去一个最高值和一个最低值，然后，按下式计算剩余有效试验数据的平均值：

$$\bar{I}_{s(50)} = \frac{\sum\limits_{i=1}^{n} I_{s(50)}}{n}$$

式中 $\bar{I}_{s(50)}$ ——每组点荷载试验的基准强度指数平均值，MPa；

$I_{s(50)}$ ——剩余有效基准强度指数，MPa；

n——剩余有效试验数据个数。

D 试件的极限单轴抗压强度

按下式计算试件的极限单轴抗压强度：

$$R_c = 22.82 \times I_{s(50)} \times 0.75$$

式中 R_c——单轴抗压强度，MPa；

$I_{s(50)}$——试件基准强度指数，MPa。

E 煤岩的普氏系数

按下式计算煤岩的普氏系数：

$$f = R_c/10$$

式中 f——煤岩的普氏系数；

R_c——单轴抗压强度，MPa。

2.2.2.4 普氏系数的测试过程

A 试件制备

采用地质锤和洋镐等简单工具，在煤巷掘进面迎头中间处从上到下扒出一沟，拾取合适煤块（见图 2-17），并按下列要求制备试件。

（1）采用不规则块体试验，要求块体的尺寸如下：

试件最短边长为 3.0cm；加荷点间距 3.0～10.0cm；形状系数为 0.3～1.0，宜优先采用 0.75～1.0；加荷面的中部与加荷珠接触部位的平整度误差应控制在 0.02cm 以内；加荷面中心部位与试件周边的高差不应超过 0.5cm。从某一掘进面的迎头部位取 1 组块体试件，不规则块体试件每组 15～18 个。待掘进一段距离后，再次从迎头面取样。共取样 3 次。如图 2-17 所示。

图 2-17　部分测试煤样

（2）试件分组和编号。根据岩性、试件尺寸和形状系数尽量接近的原则，将试件进行分组和编号。

B　试验步骤

（1）试件定位；（2）测量试件加荷点间距；（3）在加荷框架上放置防护罩；（4）将压力表置零；（5）对试件进行加载；（6）读数；（7）松开液压泵放油螺丝，让顶镐活塞复原；（8）将做过试验的试件按编号顺序排列整齐，以作为测量试件三轴尺寸之用；（9）其余试件的试验，重复上述各步骤。

C　测量试件三轴尺寸

（1）用游标卡尺测量，测量精确至 0.01cm。

（2）测量试件的平均长度、试件破坏截面（包含两个加荷点）

在垂直于加荷轴方向上的平均宽度和试件加荷点间距。

D   试件描述

（1）试件描述内容包括煤岩名称、颜色、矿物成分、结构、构造、节理发育程度、风化等级和胶结物的性质。

（2）加荷方向与层理、节理、裂隙的关系。

（3）试件的破坏形态、结构面的充填物和充填程度。

（4）将每组试验未完全破坏（破坏面只通过一个加荷点）试件的试验数据剔除。

2.2.2.5 普氏系数的测试分析

首采面煤岩主要为片状或粉状极软煤岩，极少夹矸，具有一定光泽，质地松软，易风化。锤击声哑，无回弹，有凹痕，手可掰开（见图2-18），浸水后可手捏成团，定性判定为软岩或极软岩。迎头面无明显节理、层理，整体呈散体状结构，自稳能力极差，施加外力后，会发生严重的塌落现象，散体状结构结合能力极差。

图2-18   部分测试煤样表观特征

根据现场点荷载试验确定煤岩的单轴饱和抗压强度 R_c。本次共进行了3组试样的点荷载试验，各组试验数据列于表2-11 ~ 表2-13中。由试验可知煤岩的单轴抗压强度大概分布于 1.00 ~ 1.20MPa 之间，平均值为 $R_c = 1.118$MPa。根据普氏系数的定义可知，杜家村煤矿 2 号煤岩的普氏系数 $f = 0.1$ 左右。煤岩的定性特征和定量指标均表明该煤质属极软煤。

表 2-11 1 号煤样点荷载试验数据表

编号	加载点距离 D/cm	平均宽度 d/cm	破坏荷载 /kN	形状系数	I_s /MPa	$I_{s(50)}$ /MPa	尺寸效应系数 $K_{d(50)}$	形状效应系数 K_{ft}	R_c /MPa
1	4.00	5.00	0.045	0.80000	0.02813	0.01817	0.99999	0.64599	1.129
2	4.00	7.00	0.023	0.57143	0.01438	0.00724	1.14112	0.44130	0.566
3	3.50	5.50	0.038	0.63636	0.03102	0.01596	1.04081	0.49437	1.025
4	6.00	6.00	0.034	1.00000	0.00944	0.00889	1.07747	0.87370	0.661
5	5.00	8.00	0.008	0.62500	0.00320	0.00185	1.19502	0.48482	0.204
6	4.20	8.30	0.045	0.50602	0.02551	0.01208	1.20969	0.39131	0.831
7	3.40	4.40	0.073	0.77273	0.06315	0.03689	0.94406	0.61877	1.921
8	3.90	6.00	1.825	0.65000	1.19987	0.65416	1.07747	0.50599	16.599
9	7.00	7.00	0.032	1.00000	0.00653	0.00651	1.14112	0.87370	0.523
10	5.50	6.50	0.035	0.84615	0.01157	0.00892	1.11072	0.69402	0.662
11	4.70	4.90	0.058	0.95918	0.02626	0.02142	0.99124	0.82289	1.278
12	5.30	5.00	0.008	1.06000	0.00285	0.00271	0.99999	0.95289	0.271
13	6.00	8.00	0.040	0.75000	0.01111	0.00792	1.19502	0.59671	0.606
14	3.00	3.70	0.045	0.81081	0.05000	0.02844	0.86584	0.65702	1.581
15	4.20	4.60	0.045	0.91304	0.02551	0.01889	0.96367	0.76826	1.163
16	4.40	5.20	0.046	0.84615	0.02376	0.01677	1.01687	0.69402	1.063
17	4.30	6.10	0.052	0.70492	0.02812	0.01691	1.08437	0.55457	1.070
18	4.20	4.70	0.086	0.89362	0.04875	0.03540	0.97310	0.74611	1.862
平均值									1.013

表 2-12　2 号煤样点荷载试验数据表

编号	加载点距离 D/cm	平均宽度 d/cm	破坏荷载 /kN	形状系数	I_s /MPa	$I_{s(50)}$ /MPa	尺寸效应系数 $K_{d(50)}$	形状效应系数 K_{ft}	R_c /MPa
1	7.00	7.60	0.088	0.92105	0.01796	0.01640	1.17444	0.77754	1.046
2	6.40	7.10	0.057	0.90141	0.01392	0.01205	1.14689	0.75493	0.830
3	6.70	9.20	0.023	0.72826	0.00512	0.00369	1.25032	0.57613	0.342
4	4.50	7.00	0.017	0.64286	0.00840	0.00479	1.14112	0.49989	0.415
5	5.60	9.00	0.015	0.62222	0.00478	0.00287	1.24169	0.48250	0.283
6	3.70	4.20	0.105	0.88095	0.07670	0.05184	0.92335	0.73193	2.479
7	5.20	6.10	0.036	0.85246	0.01331	0.01012	1.08437	0.70078	0.728
8	4.50	6.20	0.040	0.72581	0.01975	0.01237	1.09114	0.57384	0.846
9	4.90	6.30	0.100	0.77778	0.04165	0.02852	1.09779	0.62375	1.584
10	6.60	6.90	0.040	0.95652	0.00918	0.00854	1.13524	0.81966	0.641
11	5.00	6.00	0.058	0.83333	0.02320	0.01701	1.07747	0.68042	1.075
12	4.00	4.26	0.090	0.93897	0.05625	0.04176	0.92969	0.79860	2.108
13	4.20	4.50	0.076	0.93333	0.04308	0.03255	0.95400	0.79193	1.749
14	3.70	4.30	0.076	0.86047	0.05551	0.03678	0.93385	0.70943	1.917
15	4.00	4.30	0.078	0.93023	0.04875	0.03589	0.93385	0.78827	1.882
16	4.00	4.30	0.670	0.93023	0.41875	0.30826	0.93385	0.78827	9.441
17	4.70	5.30	0.006	0.88679	0.00272	0.00206	1.02503	0.73844	0.220
18	4.40	4.40	0.051	1.00000	0.02634	0.02173	0.94406	0.87370	1.291
平均值									1.201

表 2-13　3 号煤样点荷载试验数据表

编号	加载点距离 D/cm	平均宽度 d/cm	破坏荷载 /kN	形状系数	I_s /MPa	$I_{s(50)}$ /MPa	尺寸效应系数 $K_{d(50)}$	形状效应系数 K_{ft}	R_c /MPa
1	6.00	6.70	0.102	0.89552	0.02833	0.02381	1.12319	0.74826	1.383
2	4.90	7.20	0.066	0.68056	0.02749	0.01688	1.15258	0.53266	1.068
3	6.00	7.20	0.028	0.83333	0.00778	0.00610	1.15258	0.68042	0.498
4	3.40	5.10	0.087	0.66667	0.07526	0.03950	1.00853	0.52043	2.022
5	7.20	8.30	0.080	0.86747	0.01543	0.01339	1.20969	0.71706	0.898

续表 2-13

编号	加载点距离 D/cm	平均宽度 d/cm	破坏荷载 /kN	形状系数	I_s /MPa	$I_{s(50)}$ /MPa	尺寸效应系数 $K_{d(50)}$	形状效应系数 K_{ft}	R_c /MPa
6	5.90	6.20	0.010	0.95161	0.00287	0.00255	1.09114	0.81373	0.259
7	5.70	5.80	0.050	0.98276	0.01539	0.01394	1.06325	0.85195	0.926
8	3.70	6.00	0.054	0.61667	0.03944	0.02031	1.07747	0.47789	1.228
9	4.90	7.20	0.071	0.68056	0.02957	0.01815	1.15258	0.53266	1.129
10	3.70	4.20	0.135	0.88095	0.09861	0.06665	0.92335	0.73193	2.993
11	5.20	5.50	0.068	0.94545	0.02515	0.02111	1.04081	0.80633	1.264
12	4.00	6.00	0.058	0.66667	0.03625	0.02033	1.07747	0.52043	1.228
13	4.00	7.00	0.018	0.57143	0.01125	0.00567	1.14112	0.44130	0.471
14	4.20	7.50	0.055	0.56000	0.03118	0.01576	1.16910	0.43232	1.015
15	4.50	5.50	0.092	0.81818	0.04543	0.03143	1.04081	0.66461	1.703
平均值									1.141

结语

（1）杜家村煤矿地应力分布规律为：最大主应力方向近似位于水平方向，其值为垂直应力的 1.04～1.38 之间，该矿井的地应力场以水平构造应力为主导；最大主应力的走向方位角在 184°～205°之间，为北东-南西方向，与杜家村断层的夹角小于 45°。

（2）首采面煤岩主要为片状或粉状极软煤岩，极少夹矸，具有一定光泽，质地松软，易风化，从表观上可定性判定为软岩或极软岩；点荷载测试表明，首采面煤岩的单轴抗压强度大概分布于 1.00～1.20MPa 之间，平均值为 $R_c=1.118$MPa，普氏系数约为 0.1，煤岩的定量指标表明该煤质属极软煤。

3 1201 工作面煤层综放开采矿压显现特征试验研究

伍永平等[80]采用平面应力模型模拟了彬长矿区坚硬特厚煤层综放面矿压显现规律；王国旺等[81]对乌兰木伦煤矿 61203 厚基岩浅埋煤层大采高工作面矿压显现规律进行了物理相似模拟，取得了很好的效果；弓培林等[82]采用现场实测及相似模拟技术研究大采高综采采场顶板结构特征，建立大采高综采采场的顶板控制力学模型。基于上述研究成果，本书根据杜家村矿 1201 工作面地质物理条件，按照相似模拟实验理论，采用平面模型，对大倾角松软厚煤层开采过程中走向和倾向矿压显现规律进行了相似模拟研究。

3.1 物理相似模拟实验理论

物理相似模拟实验研究理论基础为力学系统动力相似学说，它是采用一定的相似材料构造物理参数和实际开采条件相似的模型来模拟实际工程问题，通过研究相似材料模拟开采情况来分析覆岩破坏、运移等力学特征，同时，其应遵循以下原则。

（1）几何相似：必须保证相似模型和原型成几何形状比例。几何常数为：

$$a_l = l_m/l_p$$

式中　a_l——几何相似常数；

　　　l_m——模型线性尺寸；

　　　l_p——原型线性尺寸。

（2）运动学相似：物理模型必须与原型所对应点的运动速度、加速度及运动时间等成正比，即：

$$a_v = v_m/v_p$$

$$a_a = a_m/a_p$$

$$a_t = t_m/t_p$$

式中 a_v, a_a, a_t——分别为速度、加速度及时间相似常数;

　　v_m, a_m, t_m——分别为物理模型上质点运动速度、加速度及时间;

　　v_p, a_p, t_p——分别为现场原型上质点运动速度、加速度及时间。

（3）动力学相似：要求物理模型与现场原型所有作用力相似。即：

$$a_M = M_m/M_p = l_m^3 \rho_m / l_p^3 \rho_p = a_\rho a_l^3$$

式中 a_M, a_ρ——分别为质量和密度相似常数;

　　M_m, ρ_m——分别为物理模型质量和密度;

　　M_p, ρ_p——分别为现场原型质量和密度。

根据牛顿第二定律，有：

$$a_F = F_m/F_p = M_m a_m / M_p a_p = a_m a_a = a_\gamma a_l^3$$

式中 a_F, a_γ——分别为力和体积重度相似常数;

　　F_m——物理模型作用力;

　　F_p——现场原型作用力。

由上式知 a_l 已知时，只要确定了 a_γ，即可确定 a_F，动力相似条件便可满足。

（4）初始状态相似：初始状态为原型自然状态时，岩体由于是结构体和结构面的统一体，所以岩体结构体与结构面分布情况及其力学特性应在模型上体现出来，并满足与原型相似的要求。

（5）边界条件相似：边界条件相似首先要保证物理模型与现场原型的边界接触面上位移与应力状态保持一致。

总之，物理相似模拟需要保证物理模型与现场原型的几何形状、质点运动、轨迹和受力都相似。

3.2　大采高综放开采实验模型设计

3.2.1　模拟对象概况

实验以该矿 1201 首采工作面为基本原型，煤层为 2 号煤层，煤层最大倾角为 55°，平均为 37°，工作面长度设计为 150m，煤层平均煤厚为 7.13m，直接顶为细砂岩，平均岩厚为 14.5m，老顶为中砂岩，厚约 10.24m；直接底为泥岩，厚 7.5m，老底为中砂岩，厚约 12.5m。

3.2.2   模型构建及参数确定

实验采用平面模型，模拟走向和倾向开采，模型架尺寸（长×宽×高）分别为 4.2m×0.25m×2.2m 和 1.8m×0.16m×1.4m。将几何相似比定为 $a_L = 200:1$，体积重度比为 $a_\gamma = 1.5:1$，时间相似比采用 $a_t = \sqrt{a_L} = 14:1$，确保物理模型与现场原型所有各对应点运动情况相似，即需要各对应点速度、加速度、运动时间等均要成一定相似比例。

为确保实验效果，本次实验中各层的铺设严格按照地质柱状图各层的厚度按相似比缩小后进行配比并铺设好。本次实验采用了平面应变条件，各岩层在物理相似模型中的厚度按以下计算公式计算：

$$L_{mi} = \frac{L_i}{a_L}$$

式中 L_{mi}——第 i 层模型的厚度；

L_i——第 i 层岩（煤）体的实际厚度；

a_L——几何相似比。

逐层计算出物理模型中的岩石强度指标，由 $a_L = 200$，$a_\gamma = 1.5$ 可得 $a_\sigma = a_L a_\gamma = 300$。再由主导相似准则即可推导出现场原型与物理模型间强度参数的转化关系式为：

$$[\sigma_c]_m = \frac{L_m}{L_p} \cdot \frac{\gamma_m}{\gamma_p}[\sigma_c]_p = \frac{[\sigma_c]}{a_L a_\gamma} = \frac{[\sigma_c]}{a_\sigma}$$

式中 σ_c——单轴抗压强度。

从上面公式可以求出模型煤层及不同顶底板岩层模型（第 j 层）单轴抗压强度 $[\sigma_c]_{mj}$ 及体积重度 γ_{mj} 为：

$$[\sigma_c]_{mj} = \frac{[\sigma_c]_j}{a_{\sigma j}}, \qquad \gamma_{mj} = \frac{\gamma_j}{a_\gamma}$$

1201工作面距地表的高度平均为350m，走向模拟时取350m来设计，加之底板10m共360m。模拟的几何相似比为200：1，模型需铺设高度为1800mm，小于试验台的总高度2200mm，因此走向模拟无需施加补偿压力。走向模拟剖面示意图如图3-1所示。

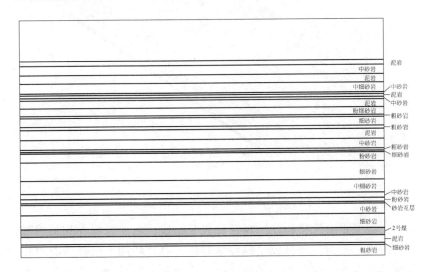

图3-1 煤岩层走向模拟剖面示意图

倾向模型的工作面布置如图3-2所示。倾向模拟相似比定为200：1，模型铺设总高度为1200mm，模型中工作面中部到模型顶部的距离为750mm，即模拟顶板岩层实际高度150m，实际工作面距地表的高度平均为350m，剩余200m的岩层高度产生的自重应力以施加补偿压力的形式代替，上覆岩层平均密度取2400kg/m³，则200m深度的岩层产生的压强为：

$$\sigma = \gamma h = 200 \times 2400 \times 10 = 4.8 \times 10^6 \mathrm{N/m^2} = 4.8\mathrm{MPa}$$

根据模型的尺寸以及预定比例，实际加载压力为：

$$F = \sigma s/a_\sigma = \sigma s/a_L a_\gamma = 4.8 \times 10^6 \times 0.16 \times 1.8/300 = 4598\mathrm{N}$$

3.2.3 相似材料配比分析

本次实验根据工作面煤岩层力学特性选择组成相似模拟材料的

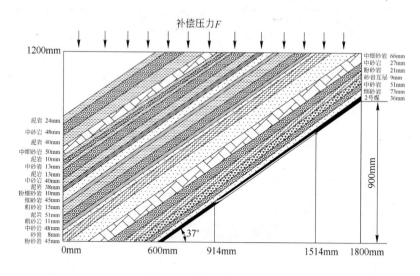

图 3-2   工作面布置示意图

成分，其主要由骨料和胶结料两种成分组成。由于骨料在相似材料中所占比重较大，且是胶结料胶结对象，故其物理力学性质会对相似材料性质具有重要影响。骨料通常为细砂、石英砂、岩粉等，本次实验材料采用细砂作为骨料材料。

本次实验根据已计算出模型的力学参数，选定好骨料及胶结料进行配比。为使配比满足计算参数，经过多次配比实验，做出各种配比参数，最后选择一种满足实验要求的配比参数。

沿走向铺设过程中，严格按照各煤岩层的实际尺寸，等比例缩小后再施工。为保证实验过程中实验现象明显且容易控制，采用分层铺设方式，模拟煤层每层铺设厚度不大于 3cm，铺设时每层尽量保证均匀平整，为使模型层理分明，每层之间加云母粉铺设，各煤岩层的具体配比参数如表 3-1 所示。

表 3-1   相似模拟实验材料配比参数表

层　号	岩　性	密度/g·cm^{-3}	抗压强度/MPa	层厚/cm	配比号
25	中砂岩	1.77	0.180	2×2.4	10∶9∶1
24	泥　岩	1.80	0.119	2×2.0	11∶9∶1

续表 3-1

层 号	岩 性	密度/g·cm^{-3}	抗压强度/MPa	层厚/cm	配比号
23	中细砂岩	1.82	0.289	2×2.5	9:7:3
22	泥 岩	1.78	0.056	1×1.0	11:8:2
21	中砂岩	1.77	0.297	1×1.3	9:7:3
20	泥 岩	1.79	0.093	1×1.3	11:9:1
19	中砂岩	1.76	0.218	2×2.0	10:7:3
18	泥 岩	1.76	0.179	2×1.9	10:8:2
17	粉细砂岩	1.76	0.133	1×1.0	10:9:1
16	细砂岩	1.76	0.188	2×2.25	10:8:2
15	粗砂岩	1.76	0.188	1×1.5	10:8:2
14	泥 岩	1.82	0.083	2×2.55	11:9:1
13	中砂岩	1.76	0.231	2×2.4	9:8:2
12	粗砂岩	1.77	0.209	1×1.1	10:7:3
11	细砂岩	1.78	0.239	1×0.8	9:8:2
10	粉砂岩	1.78	0.274	2×2.25	9:7:3
9	细砂岩	1.82	0.400	4×2.3	8:6:4
8	中细砂岩	1.78	0.071	3×2.2	11:6:4
7	中砂岩	1.78	0.071	1×2.7	11:6:4
6	粉砂岩	1.80	0.164	1×2.1	10:8:2
5	砂岩互层	1.78	0.130	1×0.9	10:9:1
4	中砂岩	1.77	0.183	2×2.55	10:8:2
3	细砂岩	1.80	0.178	3×2.43	10:8:2
2	2 号煤	0.93	0.004	2×1.8	8:7:3
1	细砂岩	1.76	0.493	2×3.0	7:5:5

3.3 实验方法设计

3.3.1 测点布置及测试方法

走向模型实验测点布置为：在覆岩水平方向上布设 13 条观测

线,其中有 12 条观测线分别布设在相邻软硬不同岩层中,用来观测开挖过程中离层发展和分布规律,另 1 条测线布设在地表,用来观测模拟开挖中地表移动变形,并可与岩层内部覆岩运移变形规律加以对比分析,在模型模拟岩层的竖直方向上,布设 24 条竖向观测线,用来观测模型开挖过程中上覆岩层的"三带"变化特征、开采空间和离层在竖直方向上的变化规律。

走向模型中应变片在距开挖侧模型边缘 60cm 处开始铺设,共铺设三层,分别布设在底板、直接顶及老顶中,每层 20 个,相邻两个应变片的间距为 15cm。顶板中编号 1 ~ 20 号,直接顶为 21 ~ 40 号,老顶为 41 ~ 60 号。

模型倾向经纬仪测点沿煤层倾向布置,如图 3-3 所示。在距模型一端水平距离 60cm 处分别沿煤层顶、底板各铺设应变片一层,每层 14 个,每层中两端的 6 个应变片相邻间距为 5cm,其余的相邻间距为 10cm。

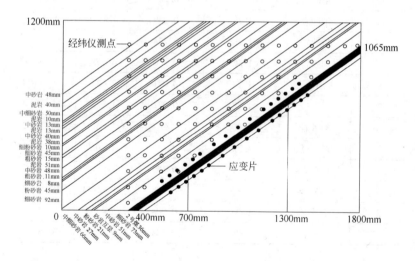

图 3-3   工作面测点布置示意图

同时,为了提高开采过程中获取数据的精确性,采用中国矿业大学(北京)放顶煤实验室的 7v14 数据采集器自动采集应变数据,通过计算机把数据传输到固定文件里,观测点位移采用电子经纬仪观测记录。

3.3.2 实验方法与数据处理方法

依据现场的作业情况进行模拟开挖，开挖过程由人工完成。模型开采速度由模型几何比和时间比确定。模型每刀进尺 0.02m。本次实验采用电子经纬仪测量位移测点角度变化作为位移测点的原始数据。在模拟工作面开挖时，采用7v14型数据采集器对工作面预先埋设的压力计进行压力数据的自动采集；采用电子经纬仪观测所布置的位移测点的角度变化，并做好详细记录。

如图 3-4 所示，模型测点 1、测点 2、测点 3 和测点 4 设在模型架左右两侧的固定架上，由于这些点不受开挖影响，可把它作为固定点，在地面 A 点安设电子经纬仪，C 点作为电子经纬仪中心位置，以 C 点垂直于模型的平面为基准平面，用来观测测点 1、测点 2、测点 3 和测点 4 的水平角和垂直角，并精密测量出测点 1、测点 2、测点 3 和测点 4 间的距离。测量方法是：在 1-2(1-4、2-3、3-4 同理) 的边上拉一钢尺，采用经纬仪横丝（或竖丝）瞄准测点 1（或测点 2、测点 3、测点 4），进行水平微调读取钢尺读数，再以同样的方法读取测点 2 的读数，测点 1、测点 2 的读数差即为 1-2 边长度，最后用同样方法测量其他各边。这些数据可作为观测任意点的起始计算数据。

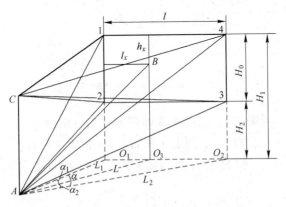

图 3-4 相似模型观测示意图

为方便观测和推导公式,把该基准平面投影平移到地面,用来推导水平位移和垂直位移的计算公式。首先 A-1、A-2 和 A-3、A-4 水平投影距离分别设为 L_1、L_2,L_1 与 L_2 水平夹角为 α,任意点 B 到点 A 的水平投影距离设为 L,L 与 L_1 的水平夹角为 α_1,与 L_2 的水平夹角为 α_2,到 1-2 边距离为 l_x,到 1-4 边垂直距离为 h_x。

如图 3-5(a)所示,若测点 1、测点 2 观测到垂直角分别为 δ_1 和 δ_2,测点 1、测点 2 之间垂直高度为 H_0,则有:

$$H_1 = L_1 \tan\delta_1$$

$$H_2 = L_1 \tan\delta_2$$

$$H_0 = H_1 - H_2 = L_1(\tan\delta_1 - \tan\delta_2)$$

$$L_1 = \frac{H_0}{\tan\delta_1 - \tan\delta_2}$$

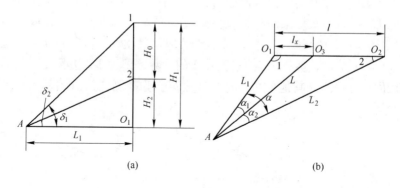

(a)　　　　　　　　(b)

图 3-5　计算原理图

同理,若测点 3、测点 4 观测到垂直角分别为 δ_3 和 δ_4,由所设置固定点时要求测点 1、测点 4 和测点 2、测点 3 需在同一水平上且间距均等于 l,同时测点 4、测点 5 之间垂直高度也为 H_0,则计算有:

$$H_1 = L_2 \tan\delta_4$$

$$H_2 = L_2\tan\delta_3$$

$$H_0 = H_1 - H_2 = L_2(\tan\delta_4 - \tan\delta_3)$$

$$L_2 = \frac{H_0}{\tan\delta_4 - \tan\delta_3}$$

如图 3-4 和图 3-5（b）所示，对模型内任一点 B，其水平角观测值为 α_1、α_2，垂直角为 δ_x，则由三角正弦定理可得：

$$\frac{l}{\sin\alpha} = \frac{L_1}{\sin\angle 2} = \frac{L_2}{\sin\angle 1}, \quad \frac{L}{\sin\angle 1} = \frac{l_x}{\sin\alpha_1}, \quad \frac{L}{\sin\angle 2} = \frac{l - l_x}{\sin\alpha_2}$$

所以有任意点 B 到 1-2 边的距离 l_x 为：

$$l_x = \frac{l\sin\alpha_1(\tan\delta_4 - \tan\delta_3)}{\sin\alpha_1(\tan\delta_4 - \tan\delta_3) + \sin\alpha_2(\tan\delta_1 - \tan\delta_2)}$$

又因为 $\qquad L = \frac{l_x}{\sin\alpha_1}\sin\angle 1 \quad$ 或 $\quad L = \frac{l - l_x}{\sin\alpha_2}\sin\angle 2$

所以 $L = \frac{l_x}{\sin\alpha_1} \cdot \frac{L_2}{l}\sin\alpha$

$$= \frac{\frac{l\sin\alpha_1(\tan\delta_4 - \tan\delta_3)}{\sin\alpha_1(\tan\delta_4 - \tan\delta_3) + \sin\alpha_2(\tan\delta_1 - \tan\delta_2)} \cdot \frac{H_0}{\tan\delta_4 - \tan\delta_3}}{l\sin\alpha_1} \cdot \sin\alpha$$

$$= \frac{H_0\sin\alpha}{\sin\alpha_1(\tan\delta_4 - \tan\delta_3) + \sin\alpha_2(\tan\delta_1 - \tan\delta_2)}$$

由此可得任意点 B 到 1-4 边的距离 h_x 为：

$$h_x = H_1 - L\tan\delta_x$$

$$= \frac{H_0\tan\delta_1}{\tan\delta_1 - \tan\delta_2} - \frac{H_0\sin(\alpha_1 + \alpha_2)\tan\delta_x}{\sin\alpha_1(\tan\delta_4 - \tan\delta_3) + \sin\alpha_2(\tan\delta_1 - \tan\delta_2)}$$

开挖前应先测量计算出每个位移测点的 l_{x0} 和 h_{x0} 作为该点计算的原始数据，随着工作面的不断开挖，测点产生移动，通过测算便可

获得 l_{xi}、h_{xi}，该测点下沉量 W_i 和水平移动量 U_i 可由下面公式计算：

$$W_i = h_{x0} - h_{xi}$$

$$U_i = l_{xi} - l_{x0}$$

由上述分析可知，测点 1、测点 2 和测点 3、测点 4 必须处于同一铅垂线上，且测点 1、测点 4 和测点 2、测点 3 应分别处于同一水平高度上，在设置固定点时，必须用经纬仪和水准仪进行校正布设，并精确测量测点 1、测点 2 和测点 3、测点 4 之间的距离 H_0，以及测点 1、测点 4 和测点 2、测点 3 之间距离 l。设置好后，再用经纬仪测出其竖直角 δ_1、δ_2、δ_3 和 δ_4 及水平角 α。

考虑到煤层倾角的存在，在进行实验观测时，布置测点应使测点沿煤层倾斜方向布置成一条直线，同时在垂直方向也形成一条直线，以便于测量和计算。

3.4   1201 工作面大倾角松软厚煤层开采相似模拟结果分析

3.4.1   上覆岩层破坏与移动规律

图 3-6 为模拟 1201 工作面随着开采的不断推进，其上覆岩层不断垮落的情况。从图中可知，当工作面推进到 47m 时，采空区上方 3 个测点开始发生下沉，位移发生了变化，上覆岩层层间裂隙接着开始发育；待工作面继续推进至 64m 处时，上覆岩层悬露面积进一步加大，层间裂隙继续发展，直接顶开始垮落，测点 5-1、测点 6-1 和测点 7-1 发生明显的离层位移；工作面继续向前推进时，下部层间离层缝隙逐渐减小，裂隙向上发展，并产生新的裂隙，推进至 88m 时，老顶开始初次垮落，随之测点 5-1、测点 6-1 和测点 7-1 垮落；随着开挖的继续进行，上部岩层不断产生新的离层空间，并不断向上传递；工作面推进至 195m 时，出现大面积垮落现象，垮落高度往上发展达到 151.8cm，裂隙由下向上贯通，采空区被已冒落矸石逐渐压实，个别地方出现了受压散落情况，最大离层空间在不断向上传播的同时也不断向前发展；当工作面继续推进至 410m 时，垮落的高度已接近地表；当继续推进至 450m 时，垮落高度未再进一步发展。

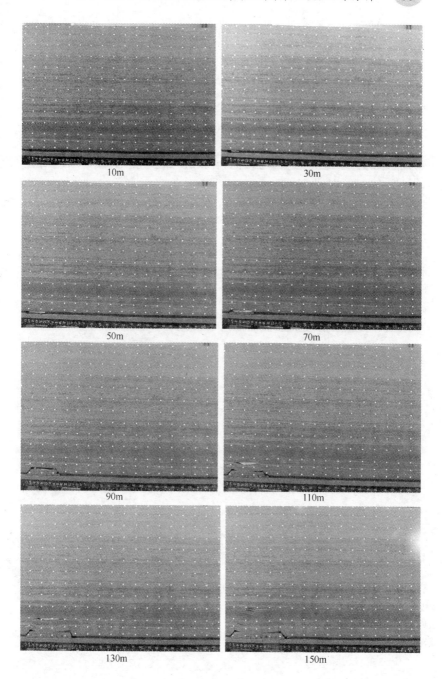

10m

30m

50m

70m

90m

110m

130m

150m

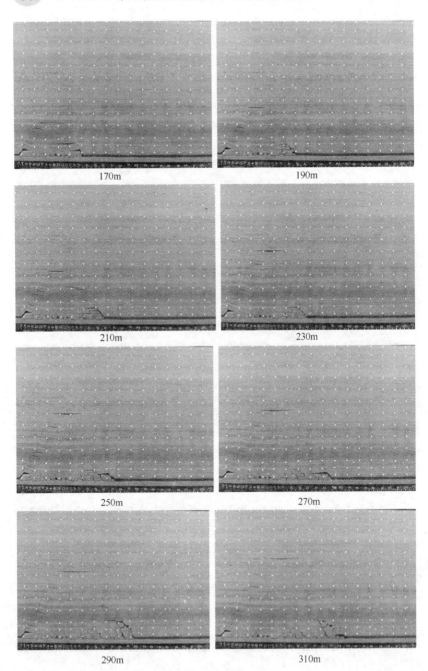

170m

190m

210m

230m

250m

270m

290m

310m

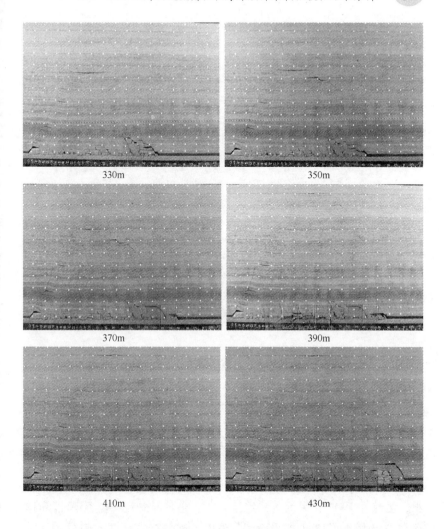

330m   350m

370m   390m

410m   430m

图 3-6 走向工作面推进不同距离时上覆岩层的垮落情况

从图 3-6 和图 3-7 可知，1201 首采面周期来压阶段垮落呈现出规律性，垮落块体与垮落步距的长度大体相同，但在整个下沉过程中各点的下沉并非完全同步，呈现出非连续性，整个垮落区域边缘的裂隙发育也较明显。从图 3-6 还可看出，1201 首采面在靠近开切眼侧的边缘层间松散度大于停采线一侧的边缘层间松散度。又如图

3-7 所示，1201 首采面的垮落安息角切眼侧约为 73°，停采线侧约为 67°。1201 工作面综放开采初次来压时，离层缝隙已发展到基岩顶部，假若工作面上部为裸露岩层，则离层缝隙可发育甚至扩展至地表。

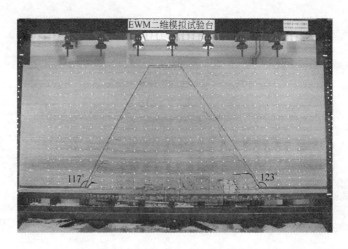

图 3-7   走向垮落安息角

1201 首采面为大倾角松软厚煤层综放开采，随着采面沿倾向推进，采空区上方顶板岩层与上覆煤层，在重力作用下既产生垂直于煤层层面的法向弯曲下沉变形和位移，同时又沿煤层层间面方向产生了相对滑移变形；当 1201 工作面顶板煤岩层间变形超过煤层的极限允许值时，便发展为弯曲断裂、破断甚至垮落。从图 3-8 可以看出，虽然在 1201 首采面的采空区上方，形成了冒落带、裂隙带和移动带，但由于受 1201 首采面倾角作用，该"三带"在空间分布规律上与缓斜煤层表现不同，各带的高度在采面倾斜长度上，呈现出"下小上大"逐渐变化的形态。

煤层开采后，工作面上段垮落的顶板滑落至下段，充填了下段的采空区，而上段的采空区很大。这使得采面下段的顶板煤层还未得到充分地下沉和冒落，就受到下滑冒矸的支撑作用，导致运动受到一定的限制，从而较早达到相对稳定的状态。采面中上段上覆岩

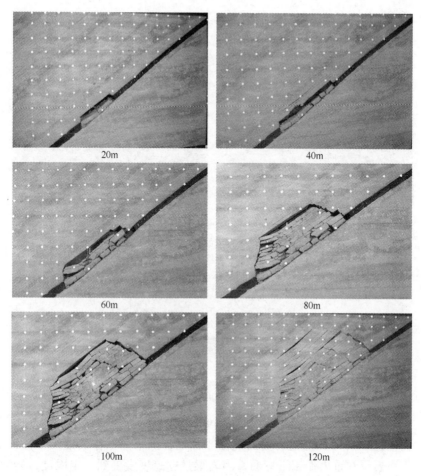

图 3-8   1201 首采面倾向推进时顶板垮落情况

层下沉运动、冒落有较大的空间，从而使冒落带、裂隙带的高度比采面下段更大些。因此，工作面的矿压显现上段较强，中段次之，下段最弱。

3.4.2   大倾角煤层开采矿山压力显现规律

3.4.2.1   工作面顶板来压规律

图 3-9 为顶板来压试验情况，试验工作面开采时沿走向推进，

随着工作面的推进，上覆岩层悬露面积不断增大，顶板达到其极限强度后，出现垮落现象，依次出现了直接顶垮落、老顶初次来压和老顶周期来压。

64m　　　　　　　　　　　　　　84m

102m

图 3-9　顶板来压情况

（1）直接顶初次垮落。留设 19m 的模型边界后开切眼，当工作面推进 30m 时，上覆岩层出现微小离层；随采场工作面继续推进，上覆岩层在重力作用下弯曲，当岩梁悬露跨度发展到一定限度，岩梁端部开裂，裂隙增大；工作面推进到 64m 时，悬露岩梁自行垮落，冒落形态呈现出非对称性，以后随采随冒。如图 3-9 所示。

（2）老顶初次来压。随工作面的进一步推进，老顶在重力作用下弯曲下沉，并产生裂隙。当工作面推进到 84m 时，基岩老顶初次垮落，垮落形态表现为非对称性，老顶破断岩块沿工作面煤壁切落，老顶失稳运动出现回转切落的特点。

（3）老顶的周期破断。老顶初次破断后，当工作面推进到 95m 时，上部顶板出现离层、端部和中部出现断裂现象，当继续推进至 102m 时，上部顶板出现"二次断裂"，并开始产生回转、下沉运动，实现了老顶的第一次周期性垮落；老顶的工作面推进到 125m 处时再次发生来压，即老顶周期性时破断来压，随着岩层高度增大，各岩层影响范围及最大下沉量逐渐变小，所有下沉曲线形态呈现出非对称性。

图 3-10 为实验所得老顶周期来压步距随工作面推进的变化情况。从图中可以看出，1201 首采面周期来压步距虽然在变化，但基本保持在 18～27m 之间，由拟合线可得周期来压步距约为 23m。

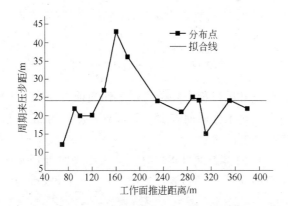

图 3-10　1201 首采面周期来压步距分布图

3.4.2.2　超前支承压力及超前支护研究

图 3-11 为 26 号和 28 号测点在工作面推进过程中应变量的变化情况。受回采采动影响，在工作面煤壁前方形成了超前支承压力。从图中可以看出，超前支承压力影响范围可分为：

（1）未受采动影响区域：在工作面前方 90m 外，基本不受采动影响；

（2）采动影响区域：位于工作面 40～60m 范围内，该区域内受采动影响不很剧烈；

（3）采动影响剧烈区域：大约位于工作面前方 40m 范围内，该区域受采动影响剧烈，超前支承压力峰值距煤壁 15～25m，之后应力逐渐降低，直至应力测点被破坏。

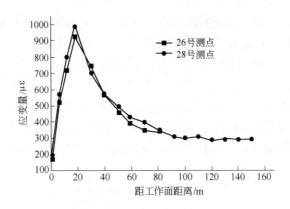

图 3-11   工作面前方应变曲线图

　　为此，建议开采过程中要及时对工作面前方 90m 范围内做临时加强支护，尤其是工作面前方 15 ~ 22m 处，应作为加强支护的重点，确保提高支护强度。

　　另外，工作面推进至 368m 时，首次出现距开切眼 110 ~ 260m 范围内，采空区底板受压崩落（见图 3-12）；至 390m 时，底板个别

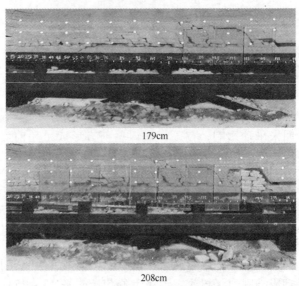

图 3-12   底板受压崩落图

地方出现受压崩落；在 410～420m 的推进过程中，360～400m 范围内采空区矸石再次出现崩落，崩落高度达 26m，此时，垮落范围已距地表 40m 左右。

以上现象表明，工作面推进至距开切眼 350m 时，采空区冒落矸石已被压实，并作为一个拱脚支撑上覆岩层；由于此时裂隙已贯通接近地表，所以上覆岩层的压力特别大，因而在 350m 至停采线的推进阶段，要特别注重加强支护和预防冲击灾害。

图 3-13 为工作面在模型中推进至第 6（26 号）应变片埋设处，即推进至 160m 时，各应变片的应变量。从图中可以看出，最大应变量发生在第 6、7 应变片埋设间，即在工作面前方 25m 左右，符合对超前支承压力（23m）的分析范围。25m 以远，超前支承压力转为低应力区，然后趋于稳定（原岩应力区）。工作面后方的采空区，由于半拱结构的存在，支承压力为应力突降后的低应力区，后随冒落矸石的压实，转为压实应力区，支承压力增大。

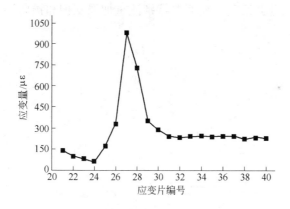

图 3-13　工作面推进至 160m 时各测点应变曲线

结语

（1）随着 1201 工作面的不断推进，上覆岩层出现裂隙并自下向上扩展，直到出现层间离层现象，最终导致上覆岩层发生破断，呈现出周期来压特征；1201 工作面上覆岩层在周期性破断过程中，垮落块体与垮落步距的长度大体相同，但在整个下沉过程中各点的下沉并非完全同步，呈现出非连续性。

（2）试验结果表明，1201 首采面开采时，沿倾向方向上覆岩层不仅在垂直于岩层层面的法向方向上产生弯曲下沉变形和位移，而且还会产生沿层面方向的相对滑移变形；"三带"的高度在采面倾斜长度上呈现出"下小上大"逐渐变化的形态；工作面采场矿压显现特征为上部最强，中段次之，下段最弱。

（3）1201 首采面开采试验表明，直接顶初次垮落步距为 64m，老顶初次来压步距为 65～85m，周期来压步距在 18～27m 之间，拟合平均为 23m；超前支承压力的影响范围为 90m，超前支承压力峰值距煤壁 15～22m。因此在实际开采过程中应加强 90m 范围内超前巷道的支护，尤其是距煤壁 15～22m 处的超前应力峰值区域。

（4）试验表明，1201 首采面开采在 350m 至停采线的推进阶段，共发生了三次因应力集中而致使工作面后方不同位置的顶板受压崩落现象，因此此段回采期间要特别注重加强支护和预防冲击性来压造成支架支柱折损。

4 大倾角煤层开采覆岩运移机理与现场试验研究

大倾角煤层综放开采过程中，支架上方煤岩的变形、运移和破坏是一个极其复杂的过程，受自身重力、煤层倾角、煤岩相互作用力等多种因素影响，支架直接支护的顶煤介质处于不断变化之中，研究大倾角综放工作面应力分布规律，弄清工作面矿压显现规律，建立大倾角厚煤层综放开采的上覆煤岩力学模型，有助于掌握大倾角综放采场的顶板结构形式及支架与围岩的关系，进而为支架参数的选定和上覆煤岩的矿压显现控制提供依据。

4.1 大倾角煤层开采岩层运移规律分析

大倾角煤层开采后，岩层运移特征与水平（近水平）煤层开采条件下岩层运移特征有显著不同，覆岩破坏范围内的最终形态与近水平煤层开采时也有显著差异性。

水平煤层开采时，上覆岩层仅受竖向载荷和自重作用，采空区上方岩层通过组合梁（板）能将重力载荷传递到两侧支撑体上，从而使得岩体平稳下沉。当附加应力超过顶板岩石强度极限时，直接顶板便开始断裂冒落，岩体将发生变形和位移。

大倾角煤层开采时，岩层在自重作用下直接顶发生弯曲变形，同时由于受沿岩层层理方向的分力作用，垮落的直接顶沿采空区下山方向移动和滑落，因此覆岩破坏主要范围为采空区偏上山方向。另外，该条件下直接顶顶板易被拉断或剪断，在采空区上方形成一个梁结构，支撑其上方岩体（sc 段），同时在直接顶顶板中段也易形成悬臂板（es 段）。其中，下部由于冒落矸石充填而对顶板起到支撑作用，整个采场覆岩形成不同形态的平衡力学支撑结构，覆岩顶板两端由于受到未冒落顶板与冒落矸石的支撑而形成了"厂"形弯曲结构，随着开采继续，又进一步形成"厂"形弯曲结构移动拱，如图4-1 所示[83]。

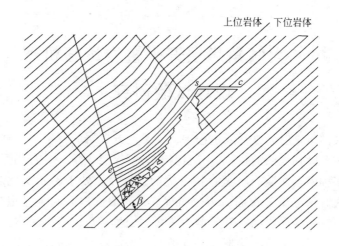

图 4-1 大倾角煤层开采时岩层"厂"形弯曲结构移动拱模型

随工作面不断推进，倾斜岩层在达到极限跨距时，出现破断，破断板块向采空区冒落，并在采空区内形成跨落带，称为"下位岩层"。垮落带上方岩层，由于尺寸大于下落空间，这部岩体会平稳下沉，且保持层状并沿法向方向弯曲。直接顶中这些"砌体拱"小结构为大变形区域，可称为"下位岩层"，保持这些结构稳定可以阻止覆岩变形向上覆岩层扩展。

4.2 大倾角煤层开采顶板结构力学分析

4.2.1 直接顶岩层的结构力学模型

大倾角煤层综放开采工作面的直接顶与水平（近水平）煤层工作面直接顶垮落情况不同，不能随采随冒全部垮落。随着综放开采顶煤的放出，直接顶失去足够的支撑力，在上覆岩层的作用下达到破坏极限，从而发生破坏并随煤流一同向采空区滚落。由于煤层倾角的存在，破断的矸石同时会沿煤层倾向向下山方向滚动，造成矸石在工作面下段堆积，沿煤层倾向方向，工作面上部的直接顶一般能全部冒落，且冒落后矸石向工作面下部移动充填。工作面中部直接顶内的下分层能够较好破碎冒落，上分层会发生不同程度的断裂，产生块度较大的块体。工作面下部只有下分层会产生破坏冒落，来自上、中部的矸石在此堆积压实，形成良好的支撑体。图4-2 所示为大倾角煤层工作面直接顶倾向结构力学模型。

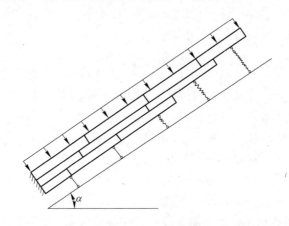

图4-2 大倾角煤层工作面直接顶倾向结构力学模型

由于工作面中部的上分层会冒落较大块体，且排列整齐，加上未冒落的直接顶，在走向方向上易形成"砌体拱"小结构。工作面下部的直接顶，仅产生岩性允许的大块度断裂并整齐排列，通常在走向方向上较上、中段更易形成具有一定跨度的"砌体拱"结构，"砌体拱"结构对上覆岩体起到一定支撑作用，可缓解顶板压力对采场稳定性的影响。如图4-3 所示为大倾角煤层在采场中、下段形成

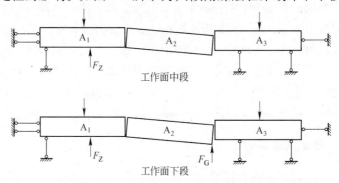

图4-3 大倾角煤层工作面直接顶走向结构力学模型

的"砌体拱"结构模型。

工作面中段处直接顶的下分层冒落,上分层局部会形成"砌体拱"小结构,由于中段处矸石充填密实程度要小于下段,随着开采的继续,"砌体拱"小结构的破坏则多以滑落失稳的形式出现。此结构体保持稳定的极限条件为[84]:

$$T = \frac{hL\gamma(L\cos\theta + h\sin\theta)}{L\cos\theta(\tan\beta + \sin\theta) + h(\tan\beta\sin\theta - 1)}$$

式中 T——工作面中段直接顶局部结构形成的水平挤压力;

　　　　h——直接顶厚度,m;

　　　　L——直接顶岩块长度,m;

　　　　γ——直接顶岩层体积重度,N/m^3;

　　　　θ——岩块下沉的回转角,(°);

　　　　β——直接顶岩层内摩擦角,(°)。

如图 4-3 所示,工作面下段由于存在较密实的矸石作为支撑体,对断裂岩块产生向上的支撑力 F_G,因而阻止了岩块的进一步下沉,此时结构滑落失稳的极限平衡条件为:

$$T = \frac{(hL\gamma - F_G)(L\cos\theta + h\sin\theta)}{2\tan\beta(L\cos\theta + h\sin\theta) + L\sin2\theta - 2h}$$

采空区倾向方向上(见图 4-2),由于直接顶各分层破坏程度不同,下分层较上分层更易于垮落堆积,直接顶的不同区段则会形成长度不同的多分层复合"倾斜砌体梁"结构。"倾斜砌体梁"结构在采空区下段的长度要小于中段,也小于上段,同一区段不同分层中,由下分层到上分层,此结构长度不断变大。"倾斜砌体梁"结构的形成与煤层倾角有关,倾角越大,采空区中、下段矸石的堆积越容易、越密实,就越容易形成。同时,直接顶的岩性与分层状况对"倾斜砌体梁"结构也会造成影响。显然,直接顶"砌体梁"结构的形成及其稳定性对矿压显现规律及采场顶板的控制具有重要作用。

4.2.2 基本顶岩层的结构力学模型

大倾角煤层采场直接顶会因下部矸石支撑力的作用,铰接而形成"砌体梁"结构。由于大倾角的存在,不但在走向上易形成块体铰接结构，在倾向上由于岩石自重分力的作用，也会较水平（近水平）煤层更易形成"砌体梁"结构。正是由于大倾角煤层工作面直接顶在走向和倾向上形成铰接块体的"砌体梁"结构，组成了基本顶岩体的"大结构"。如图 4-4 所示为大倾角煤层工作面基本顶结构

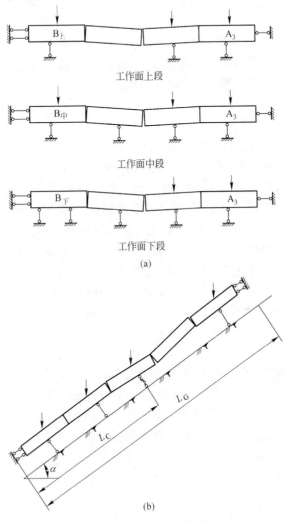

图 4-4　大倾角煤层工作面基本顶结构力学模型

（a）沿走向方向；（b）沿倾向方向

力学模型。

由图 4-4（b）可以推算，大倾角煤层工作面基本顶沿倾向方向受矸石充填、支撑部分的斜长 L_C 为：

$$L_C = \frac{\bar{h}k}{\bar{h} + M} L_G - 0.5(\bar{h} + M)\cot(\alpha - \beta)$$

式中　L_G——工作面斜长，m；

$\bar{h}$——直接顶平均冒落高度，m；

k——直接顶岩体的碎胀系数；

M——工作面采高，m；

α——煤层倾角，（°）；

β——冒落矸石堆积的自然安息角，（°）。

直接顶在工作面上段一般不会形成"砌体拱"小结构，只有在中、下段会形成此结构。基本顶岩体"大结构"的关键块位于工作面倾向长度 L_C 以上，其平衡、旋转、滑落等会对整个大结构产生重要影响，进而伴随矿山压力显现规律的变化[85~87]。大倾角采场中、下段的"大结构"在直接顶的支撑作用和自身结构特性下，可以保持平衡稳定，同时也能保护直接顶的小结构。非来压期间，中、下段直接顶"砌体拱"小结构的破坏失稳对基本顶"大结构"会有所影响，但不至造成其结构性破坏。若上述过程发生在基本顶"大结构"的失稳过程中，则会加速"大结构"的破坏。

在大倾角煤层工作面倾向的回采空间中，上覆直接顶冒落后堆积的矸石对上覆顶板的支撑作用是运动变化的，上覆直接顶和基本顶随开采进行所形成的铰接"砌体拱"结构也是在变化的，工作面下段矿山压力显现主要由直接顶下分层引起，工作面上段基本顶的"大结构"起关键作用。当采场上段岩层处于活动剧烈的不稳定破坏时，采场下段该岩层仍处于相对稳定的状态，其对采场空间的影响也没有中、上段岩层大。

4.3　1201 工作面采场覆岩与顶煤活动规律数值分析

利用 FLAC3D 有限差分软件，以杜家村煤矿为工程背景建立数值分析模型，模型尺寸（长×宽×高）为 300m×200m×200m，共 66551 个节点，61680 个单元，模拟走向 300m，倾向斜长 250m，地层高度 200m 的范围，模型上部施加补偿应力代替上覆岩层的自重应力。数值分析模型如图 4-5 所示。

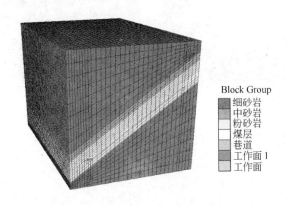

Block Group
细砂岩
中砂岩
粉砂岩
煤层
巷道
工作面 1
工作面

图 4-5　数值分析模型

模型建立以后，施加应力条件和边界条件，让模型在弹性状态下达到平衡，产生初始地应力，然后赋予模型莫尔-库仑塑性本构关系，上下顺槽和切眼贯通，对工作面实施分步开挖，一步开挖 5.0m。工作面中部沿走向剖面的竖直应力场分布情况如图 4-6 所示。

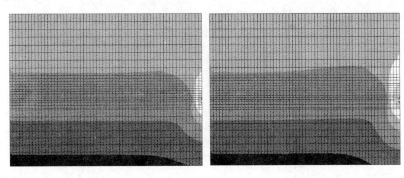

开挖 5m　　　　　　　　　　　开挖 10m

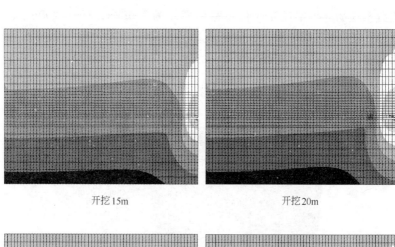

开挖15m   开挖20m

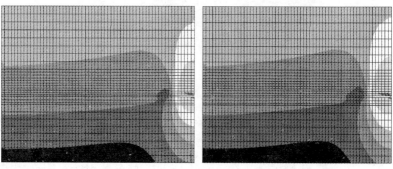

开挖25m   开挖30m

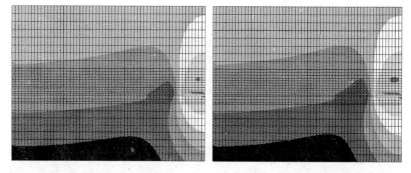

开挖35m   开挖40m

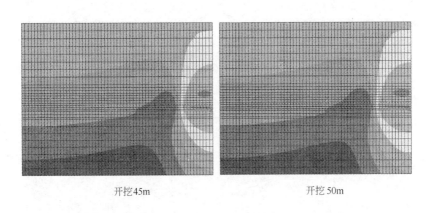

开挖45m

开挖50m

开挖65m

开挖70m

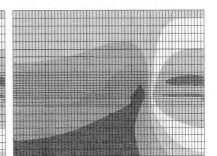

开挖75m

开挖80m

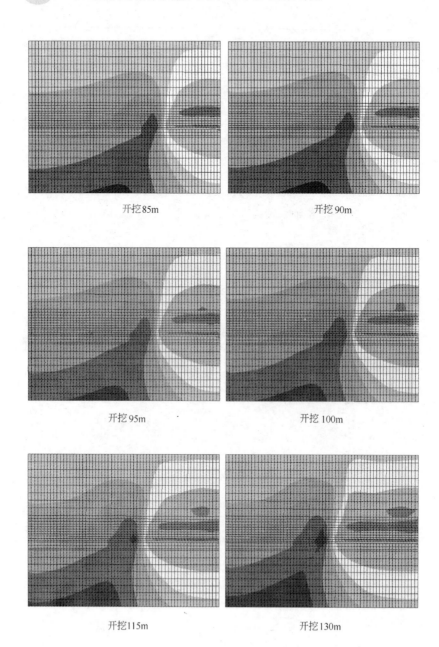

图 4-6 1201 首采面煤层及上覆岩层随工作面推进的竖直应力分布剖面图

从图 4-6 可知，随工作面的推进，顶煤和煤层顶底板的应力开始降低，并且随推进距离的增大应力的影响范围不断加大。工作面推进小于 15m 时，煤壁前方没有明显的应力增高区，当推进至 20m 时，煤壁前方开始出现明显的应力增高区，应力峰值在煤壁前方 20m 处，应力峰值约为原岩应力的 1.5 倍，据此判断，推进距离到 15～20m 范围内为直接顶初次垮落位置。

工作面继续推进后，煤壁前方应力升高区的范围不断加大，应力峰值距煤壁距离也不断加大。当推进到 50m 时，超前应力范围达到 90m，应力峰值在煤壁前方 30m 处；推进到 65m 时，超前应力范围达到 110m，应力峰值又缩小至距离煤壁 20m 处；而工作面推进至 70m 时，超前应力影响范围和峰值又开始减小。据此判断，推进距离 50～65m 范围为老顶初次垮落位置。推进 70m 以后，超前应力影响范围和峰值又开始增大，开始进入周期来压时期。由图 4-7 可以看出，在工作面煤壁处、煤壁前方 10～30m 和后方 5～30m 内应力影响范围较大；沿工作面倾向，工作面下段应力高于上段应力，应力对下顺槽的影响大于对上顺槽的影响，下顺槽附近应力增高较大，会引起巷道较大变形。

从图 4-8 可以看出，工作面上下端头的剪应力分布远大于工作面中部，工作面上段的底板也较容易产生剪切破坏。

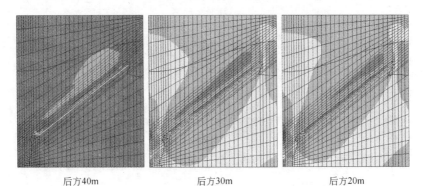

后方40m　　　　　　　后方30m　　　　　　　后方20m

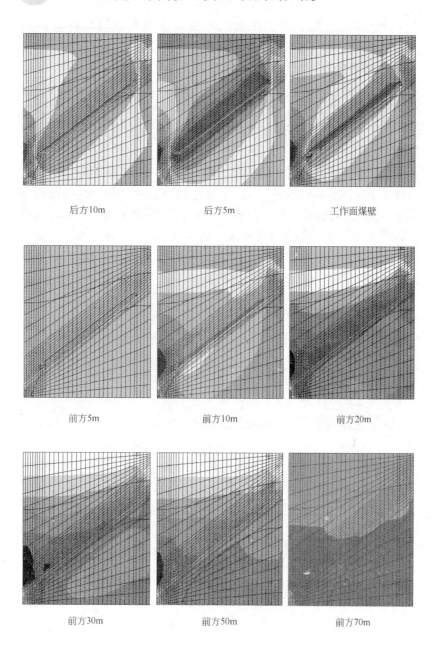

图 4-7   沿倾向不同剖面竖直应力分布图

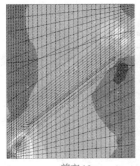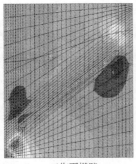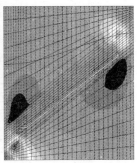

前方 10m   工作面煤壁   后方 10m

图 4-8   工作面煤壁和前后方各 10m 的剪应力分布情况

4.4   1201 大倾角综放工作面采场矿压显现实测及分析

4.4.1   观测目的及测区布置

对大倾角厚煤层综放采场的矿压显现参数（来压步距、综放支架的工作阻力、伸缩量）进行系统、全面和有针对性的矿压观测，能够掌握上覆煤岩的运移特征和顶板初次来压、周期来压规律，对于支架-围岩关系的把握及支架参数性能的设计也具有指导作用，利于更好地控制矿压显现。

原计划设 3 个测区，分别安装在 1201 大倾角综放工作面上的 3 号、4 号、5 号支架；43 号、44 号、45 号支架；93 号、94 号、95 号支架。支架上安装红外传输压力检测记录仪，对支架工作阻力进行记录，伸缩量采取人工每日量取。由于运用了综放工作面支架压力连续传输系统，支架压力观测刚开始只测量了 10 个综放液压支架，即 6 号、16 号、26 号、36 号、46 号、56 号、66 号、75 号、85 号、93 号 10 个支架，通过对这 10 个液压支架的工作阻力和伸缩量数据的分析，揭示该工作面矿压规律。

4.4.2   矿压观测结果分析

由于当时 1201 大倾角综放工作面回采工艺尚处于摸索阶段，所以从回采工作面安装就绪到当年 6 月份之前，推进速度缓慢，其中 5 月份回风平巷仅推进 1.5m，运输平巷推进也仅有 2.5m。工作面随时间变化的进尺状况如表 4-1 所示。

表 4-1 工作面随时间变化的进尺

日 期	运输巷进尺/m	回风巷进尺/m	平均进尺/m
2.24	3	1.5	2.25
4.10	6	4	5
4.15	9.5	8.5	9
4.29	11	12.5	11.75
5.10	17.5	13.5	15.5
5.25	20	15	17.5
6.3	25	18	21.5
6.8	29	20	24.5
6.10	30.5	21	25.75
6.12	32.5	21.5	27
6.13	33	22.5	27.75
6.14	35	23.5	29.25
6.16	36.5	25.5	31
6.18	38	27	32.5
6.19	39.5	29	34.25
6.21	42	32	37
6.22	43.5	33	38.25
6.25	45	34.5	39.75
6.26	48	36.5	42.25
6.27	49	37	43
6.30	51.5	38.5	45
7.1	54.5	42.5	48.5
7.5	56	44	50
7.13	59	46.5	52.75
7.18	61	48.5	54.75
7.25	63	49	56
7.27	65	50	57.5
7.29	67.5	51	59.25
7.31	70	53	61.5
8.6	77.5	60.5	69
8.9	79.5	64.5	72
8.12	82	68	75
8.14	84	70	77
8.18	88.5	75	81.75
8.20	91	77	84

　　在对 1201 大倾角综放工作面 6 号、16 号、26 号、36 号、46 号、56 号、66 号、75 号、85 号、93 号 10 个综放液压支架的工作阻力进行观测的基础上，通过对每个综放支架观测所得数据的拟合分析，可以得出综放支架工作阻力的变化曲线，进而得出工作面的来压规律。

　　（1）6 号支架工作阻力分析。从 6 号支架工作阻力变化图 4-9 可以看出，基本顶初次来压时间在 7 月 7 日 ~ 7 月 18 日，工作面进尺为 51 ~ 54.75m，平均 52.875m；基本顶的第一次周期来压在 8 月 8 日 ~ 8 月 14 日，工作面进尺为 71 ~ 77m，平均 74m，初次周期来压步距为 21.125m。

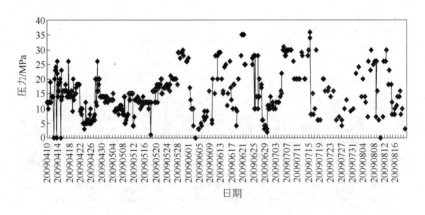

图 4-9　6 号支架工作阻力变化

　　（2）16 号支架工作阻力分析。从 16 号支架工作阻力变化图 4-10 可以看出，基本顶初次来压时间在 6 月 30 日 ~ 7 月 4 日，工作面进尺为 45 ~ 50m，平均 47.5m；基本顶的第一次周期来压在 8 月 6 日 ~ 8 月 9 日，工作面进尺为 69 ~ 72m，平均 70.5m，判定初次周期来压步距为 23m。

　　（3）26 号支架工作阻力分析。从 26 号支架工作阻力变化图 4-11 可以看出，基本顶初次来压时间在 7 月 15 日 ~ 7 月 19 日，工作面进尺为 53 ~ 55m，平均 54m；基本顶的第一次周期来压在 8 月 13 日 ~ 8 月 16 日，工作面进尺为 76 ~ 80m，平均 78m，判定初次周期来压步距为24m。

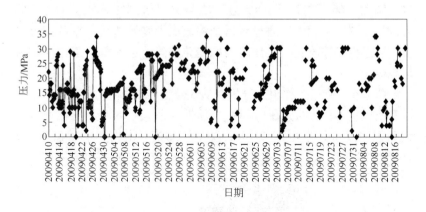

图4-10   16号支架工作阻力变化

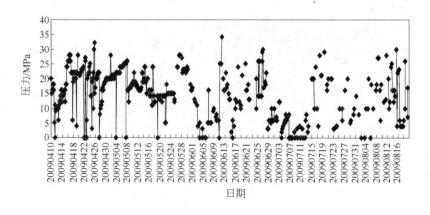

图4-11   26号支架工作阻力变化

（4）36号支架工作阻力分析。从36号支架工作阻力变化图4-12可以看出，基本顶初次来压时间在7月1日~7月5日，工作面进尺为48.5~50m，平均49.25m；基本顶的第一次周期来压在8月7日~8月9日，工作面进尺为70~72m，平均71m，判定初次周期来压步距为21.75m。

（5）46号支架工作阻力分析。从46号支架工作阻力变化图4-13

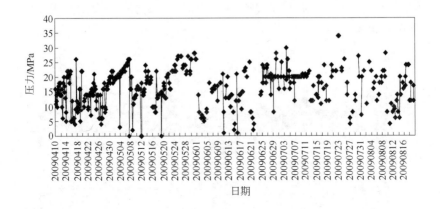

图 4-12　36 号支架工作阻力变化

可以看出，基本顶初次来压时间在 7 月 3 日~7 月 6 日，工作面进尺为 49~50.5m，平均 49.75m；基本顶的第一次周期来压在 8 月 10 日~8 月 12 日，工作面进尺为 73~75m，平均 74m，判定初次周期来压步距为 24.25m。

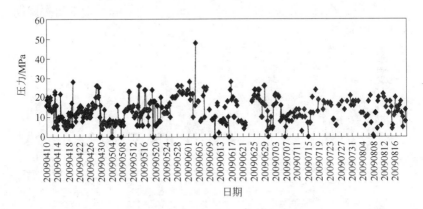

图 4-13　46 号支架工作阻力变化

（6）56 号支架工作阻力分析。从 56 号支架工作阻力变化图4-14 可以看出，基本顶初次来压时间在 6 月 25 日~6 月 28 日，工作面进尺为 39.75~44m，平均 41.875m；基本顶的第一次周期来压在 8 月

6 日~8 月 8 日，工作面进尺为 69~71m，平均 70m，判定初次周期来压步距为 28.125m。

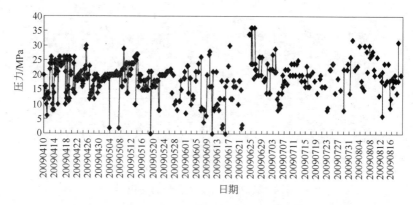

图 4-14　56 号支架工作阻力变化

（7）66 号支架工作阻力分析。从 66 号支架工作阻力变化图4-15 可以看出，基本顶初次来压时间在 6 月 25 日~6 月 28 日，工作面进尺为 39.75~44m，平均 41.875m；基本顶的第一次周期来压在 8 月 1 日~8 月 4 日，工作面进尺为 62~68m，平均 65m，判定初次周期来压步距为 23.125m。

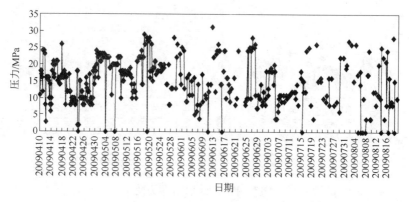

图 4-15　66 号支架工作阻力变化

（8）75 号支架工作阻力分析。从 75 号支架工作阻力变化图4-16 可以看出，基本顶初次来压时间在 7 月 12 日~7 月 14 日，工作面进尺为 52～53m，平均 52.5m；基本顶的第一次周期来压在 8 月 18 日以后，根据工作面现场来压情况，第一次周期来压在 8 月 18 日～8 月 21 日，工作面进尺为 81.75～84.5m，平均 83.125m，判定初次周期来压步距为 30.625m。

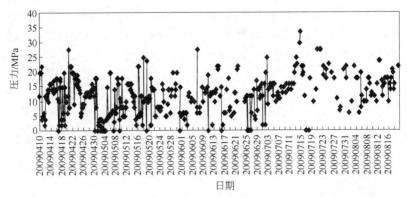

图 4-16　75 号支架工作阻力变化

（9）85 号支架工作阻力分析。从 85 号支架工作阻力变化图4-17 可以看出，基本顶初次来压时间在 7 月 15 日～7 月 18 日，工作面进尺为 53～54.75m，平均 53.875m；基本顶的第一次周期来压在 8 月 18 日以后，根据工作面现场来压情况，第一次周期来压在 8 月 18 日～8 月 21 日，工作面进尺为 81.75～84.5m，平均 83.125m，判

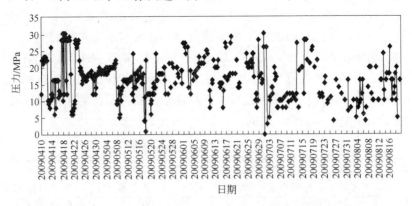

图 4-17　85 号支架工作阻力变化

定初次周期来压步距为 29.275m。

（10）93 号支架工作阻力分析。从 93 号支架工作阻力变化图 4-18 可以看出，基本顶初次来压时间在 7 月 15 日~7 月 18 日，工作面进尺为 53~54.75m，平均 53.875m；基本顶的第一次周期来压在 8 月 18 日以后，根据工作面现场来压情况，第一次周期来压在 8 月 18 日~8 月 21 日，工作面进尺为 81.75~84.5m，平均 83.125m，判定初次周期来压步距为 29.275m。

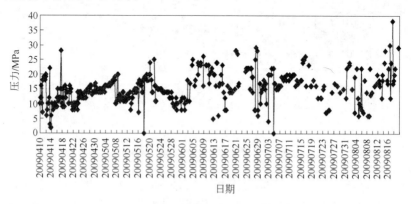

图 4-18 93 号支架工作阻力变化

根据选定的 6 号、16 号等 10 个支架的工作阻力对得出的来压步距做统计分析，如表 4-2 所示。从表 4-2 可知，工作面初次来压时间集中在 6 月 25 日~7 月 19 日之间，工作面进尺在 39.75~54.75m 范围内，基本顶平均初次来压步距约为 50m。基本顶第一次周期来压时间集中在 8 月 1 日~8 月 21 日，工作面进尺在 67~84.5m 范围内，周期来压步距平均值为 24.45m。由此看出，此工作面初次来压和周期来压的时间及步距离散性较大，并且工作面两端头的来压时间滞后于工作面中部的来压时间。

表 4-2 工作面来压数据统计表

支架编号	初次来压时间	工作面进尺/m	初次来压步距/m	周期来压时间	工作面进尺/m	平均进尺/m	周期来压步距/m
6	7.7~7.18	51~54.75	52.875	8.8~8.14	71~77	74	21.125
16	6.30~7.4	45~50	47.5	8.6~8.9	69~72	70.5	23

支架编号	初次来压时间	工作面进尺/m	初次来压步距/m	周期来压时间	工作面进尺/m	平均进尺/m	周期来压步距/m
26	7.15~7.19	53~55	54	8.13~8.16	76~80	78	24
36	7.1~7.5	48.5~50	49.25	8.7~8.9	70~72	71	21.75
46	7.3~7.6	49~50.5	49.75	8.10~8.12	73~75	74	24.25
56	6.25~6.28	39.75~44	41.875	8.6~8.8	69~71	70	28.125
66	6.25~6.28	39.75~44	41.875	8.1~8.4	62~68	65	23.125
75	7.12~7.14	52~53	52.5	8.18~8.21	81.75~84.5	83.125	30.625
85	7.15~7.18	53~54.75	53.875	8.18~8.21	81.75~84.5	83.125	29.25
93	7.15~7.18	53~54.75	53.875	8.18~8.21	81.75~84.5	83.125	29.25
平均			49.7375			75.1875	25.45

4.5 1201 大倾角综放工作面巷道矿压显现实测及分析

4.5.1 观测目的及测区布置

煤层采动过程中，矿压显现除了表现为采场顶部煤岩的运移和应力显现外，还表现为工作面回风平巷和运输平巷围岩的变形破坏。通过在两巷中测量工作面超前支承压力、顶底板及两帮位移量能够为围岩的合理控制提供参考。测点布置如下：

（1）工作面平巷超前支承压力测区。对运输平巷超前支护支柱，采用红外传输压力检测记录仪检测单体支柱工作阻力。超前工作面 35m 处每隔 3 排支柱安装 2 台仪器，该 2 台仪器安装在中间两路的单体支柱上，距离控制在 24m 左右。

（2）巷道顶板离层观测区。在工作面运输平巷超前工作面 35m、70m、105m 处设三个观测站，分别在顶板安装顶板离层仪，检测顶板离层量。

（3）巷道两帮变形量与顶底板移近量观测区。在工作面运输平巷内布设 2 个巷道表面位移测站，检测工作面前方 70m、105m 处受超前采动压力影响时平巷的变形破坏特征，为工作面超前支护及煤巷锚杆支护设计提供依据。采用十字布点法观测。

4.5.2 矿压观测结果分析

通过对 1201 下山运输巷道掘进期间 1 个多月的工作面上、下平巷表面位移、顶板离层、端锚锚杆锚固力跟踪监测，对收集的数据进行统计、分析及综合研究。

4.5.2.1 下平巷的表面位移分析

（1）下平巷 1 号测站。下平巷 1 号测站设在距离工作面 5m 处，工作面共推进 5 天到达此点。这 5 天中，测出巷道高度收敛了 40mm，两帮宽度收敛了 50mm，如图 4-19 所示。

（2）下平巷 2 号测站。在距离工作面煤壁 15m 处设立 2 号测站，

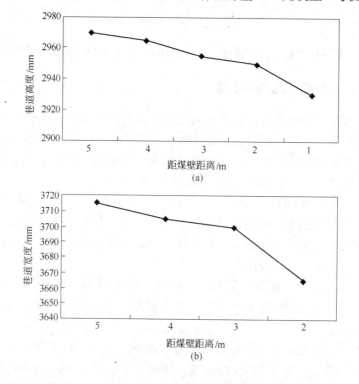

图 4-19　下平巷 1 号测站处巷道高度和宽度变化曲线

（a）巷道高度变化；（b）巷道宽度变化

在设立的第 5 天，两帮的测点被破坏，停止观测；而巷道的高度观测，共持续了 11 天，在观测的过程中，巷道高度共变化了 95mm；在观测的前 4 天中，巷道宽度减小了 20mm，如图 4-20 所示。

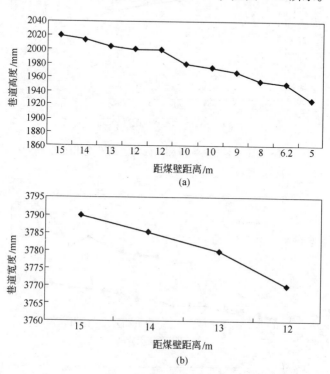

(a)

(b)

图 4-20　下平巷 2 号测站处巷道高度和宽度变化曲线
（a）巷道高度变化；（b）巷道宽度变化

（3）下平巷 3 号测站。3 号测站设在距离工作面 25m 处，从 6 月 27 日～7 月 7 日，共观测了 10 天。由于皮带阻挡的缘故，两帮的宽度变化无法量取，仅记录了巷道高度的变化。在随工作面推进 13m 的过程中，巷道宽度从 2170mm 减小至 2080mm，如图 4-21 所示。

　　通过对表面位移四个测站的实时观测，抽取了两个有代表性的测站数据进行分析，如图 4-22 所示。从图中可以看出,两帮移近量明显高于顶底移近量,1 号测站两帮移近量为 111mm，其中上帮移近量

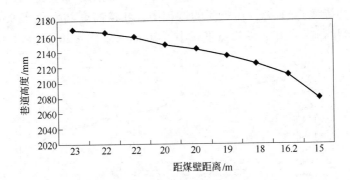

图 4-21　下平巷 3 号测站处巷道高度变化曲线

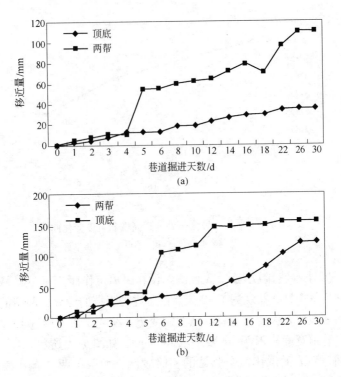

图 4-22　下平巷巷道移近量与巷道掘进关系曲线

（a）1 号测站；（b）2 号测站

为 90mm；顶底移近量为 38mm，2 号测站两帮移近量达到 122mm，其中上帮移近量为 95mm，顶底移近量为 155mm，其中底鼓量为 140mm。两个测站数据均显示上帮移近量大于下帮移近量，但第 2 个测站的顶底移近量大于两帮移近量，原因是第 2 个测站处底板下涌水，因而造成巷道底鼓量比较大。由此可以看出，控制 1201 工作面下山运输巷道两帮位移（尤其是上帮）及部分地段的底鼓是控制整个巷道围岩强烈变化的关键。

4.5.2.2 上平巷的表面位移分析

在上平巷分别设立 1 号、2 号、3 号、4 号、5 号和 6 号共 6 个测站，分别距工作面煤壁 10m、20m、30m、47m、75m 和 110m。

（1）上平巷 1 号测站。从图 4-23 中可以看出，该测点在离工作

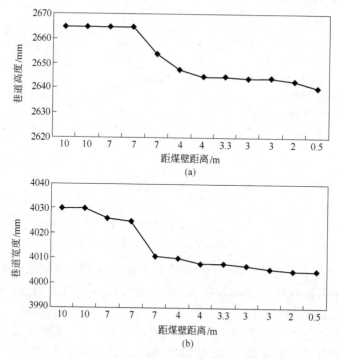

图 4-23 上平巷 1 号测站处巷道高度和宽度变化曲线
（a）巷道高度变化；（b）巷道宽度变化

面煤壁 7m 处开始变化剧烈，巷道宽度和高度收缩量都达到 20mm，在距煤壁 4m 以内又开始变化缓慢。

（2）上平巷 2 号测站。从图 4-24 中可以看出，该测点在距煤壁 20m 处开始以厘米级收缩，以后开始变化缓慢，在距煤壁 10m 时又开始急剧收缩，由此看出上平巷受周期来压影响也十分明显。

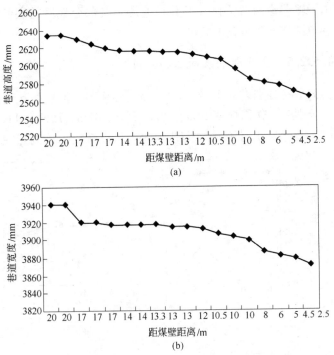

图 4-24   上平巷 2 号测站处巷道高度和宽度变化曲线
（a）巷道高度变化；（b）巷道宽度变化

（3）上平巷 3 号测站。从图 4-25 中可以看出，该测点在距煤壁 30m 处开始收缩，但并不明显，而在距煤壁 20m 时开始急剧收缩，收缩量达 150mm。

（4）上平巷 4 号测站。从图 4-26 可以看出，该测点在距煤壁 36m 处开始急剧收缩，高度收缩为 50mm，宽度收缩达 100mm。

（5）上平巷 5 号测站。在距煤壁 75m 处设立 5 号测站，从 7 月 31 日~8 月 19 日，共观测了 20 天。在观测时段内，巷道的高度总减小量为 16mm，宽度减小了 10mm，如图 4-27 所示。

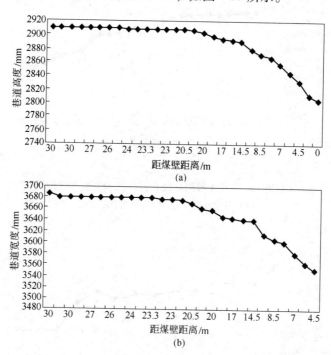

图 4-25　上平巷 3 号测站处巷道高度和宽度变化曲线
（a）巷道高度变化；（b）巷道宽度变化

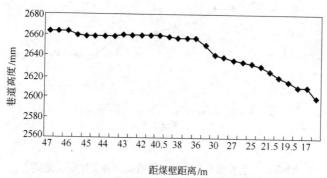

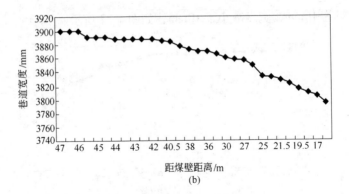

图 4-26   上平巷 4 号测站处巷道高度和宽度变化曲线
(a) 巷道高度变化；(b) 巷道宽度变化

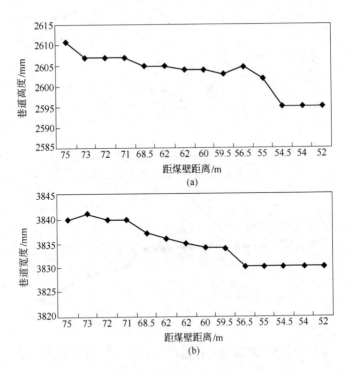

图 4-27   上平巷 5 号测站处巷道高度和宽度变化曲线
(a) 巷道高度变化；(b) 巷道宽度变化

（6）上平巷 6 号测站。6 号测站设在距离工作面煤壁 110m 处，从 7 月 31 日～8 月 20 日，共观测 21 天，在观察过程中，工作面推进了 23m。巷道高度在观测的第 5 天，明显减少了 4mm，20 天中共减小了 10mm。巷道宽度起初变化不大，直至 8 月 15 日开始出现较大幅度的减小，共减小了 11mm，如图 4-28 所示。

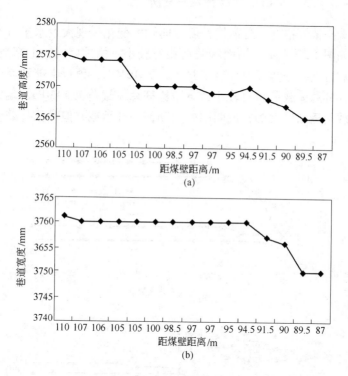

图 4-28　上平巷 6 号测站处巷道高度和宽度变化曲线
（a）巷道高度变化；（b）巷道宽度变化

由上平巷观测站的观测结果可以看出，巷道在距离工作面煤壁 100m 处已经开始产生收缩，虽收缩量较小，但这足以说明，煤壁前方的支承压力扰动可以达到前方 100m 的距离。在距离煤壁 50m 以内的范围，巷道的收缩量明显增大，变形速度也加快，因此，在煤壁前方 50m 范围内做超前支护是合理的，必要时还要在上平巷内加

长超前支护距离。下平巷由于观测站不好设立，煤壁前方大于30m
的范围没有测量，但根据目测和平时简单测量，巷道一直在收缩，
在距离煤壁前方120m处出现的巷道推垮型冒顶不排除超前支承压力
的影响。

4.5.2.3 端锚锚杆载荷数据分析

端头锚固锚杆，沿锚杆长度方向轴力变化呈现大致水平分布规
律，如图4-29所示，锚固端载荷相对较小，掘进期间，上帮肩窝、
顶板靠近上帮处锚杆总体载荷最大，为16MPa，顶板中部和靠近下
帮处锚杆总体载荷相对较小，下帮锚杆总体载荷为14MPa，端锚锚
杆承载是逐渐增大的，说明围岩运动使锚杆承载，但是锚杆载荷较

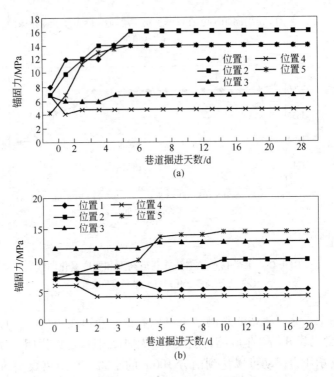

图4-29 端锚锚杆锚固力情况

(a) 1号测站；(b) 2号测站

小。其原因是，2 号煤单轴抗压强度较低，煤体破碎，松动圈较大，锚杆锚固力支护阻力降低，因而失去或减小了锚杆对煤帮的控制能力，所以，加强锚杆的长度和间排距是必要的。

4.5.2.4　顶板离层观测

掘进期间，巷道顶板离层共建立了 4 个测站，选取两个测站数据进行分析，如图 4-30 所示。巷道顶板最大离层值为 10mm，其中锚固区内顶板离层值为 8mm，锚固区外顶板离层值为 2mm，锚杆锚固区内离层值较大说明：（1）锚索预紧力偏小，锚固力不够；（2）端头锚固不能有效控制试验巷道顶板下沉；（3）锚杆长度偏小及支护间距偏大。

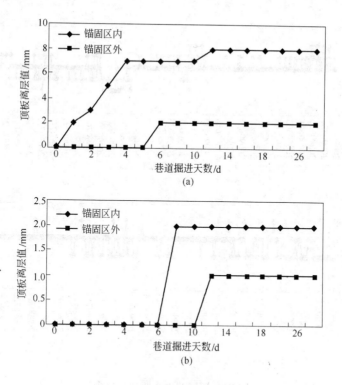

图4-30　顶板离层监测情况

（a）1 号测站；（b）2 号测站

4.5.2.5 工作面气体涌出量分析

工作面初次来压和周期来压的矿压显现有支架载荷增大、煤壁片帮、顶板发生台阶下沉、瓦斯和二氧化碳涌出量增加、涌水量增大等，因此研究工作面瓦斯涌出量的变化，能够反映出初次来压和周期来压的情况。根据每班的监测记录结果（截止到 7 月 25 日中班），回风巷、工作面及工作面上隅角的瓦斯和 CO_2 含量分别如下：

（1）回风巷中瓦斯和 CO_2 的含量。从图 4-31 可以看出，回风巷中瓦斯含量增高的时期主要集中在 5 月 26 日~6 月 5 日、6 月 17 日~6 月 29 日和 7 月 20 日~7 月 25 日三段，7 月份的 CO_2 含量高的时期则是在 7 月 20 日~7 月 25 日段。

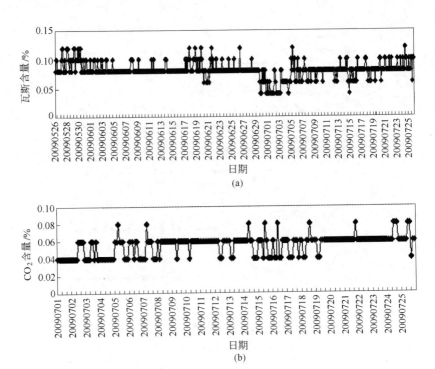

图 4-31　回风巷中瓦斯和 CO_2 含量

(a) 瓦斯含量；(b) CO_2 含量

（2）工作面中瓦斯和 CO_2 含量。如图 4-32 所示，工作面瓦斯含量集中偏高的时期有三个：5 月 26 日~6 月 7 日、6 月 15 日~6 月 29 日和 7 月 20 日~7 月 25 日；而工作面 CO_2 除在 7 月 1 日~7 月 4 日偏高外，整体都没有多少变化。

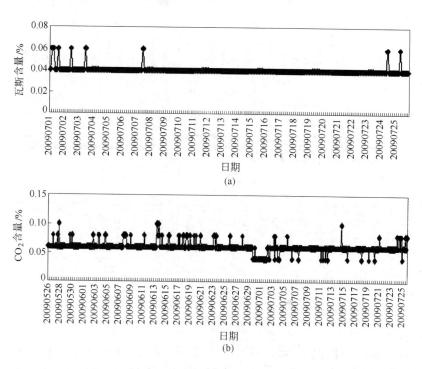

图 4-32 工作面中瓦斯和 CO_2 含量

(a) 瓦斯含量；(b) CO_2 含量

（3）工作面上隅角瓦斯和 CO_2 含量。从图 4-33 可以看出，工作面上隅角瓦斯含量变化较明显，但较高的时期主要集中在 6 月 17 日~6 月 29 日、7 月 7 日~7 月 11 日和 7 月 20 日~7 月 25 日三段。7 月份 CO_2 含量高的时期则是在 7 月 20 日~7 月 25 日段。

通过以上分析不难看出，瓦斯和 CO_2 含量高的时期主要集中在 7 月 20 日~7 月 25 日，这说明基本顶的初次来压始于这段时间之前。

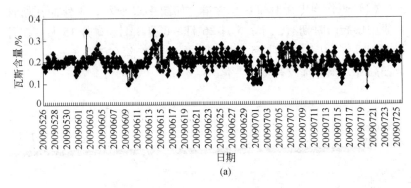

(a)

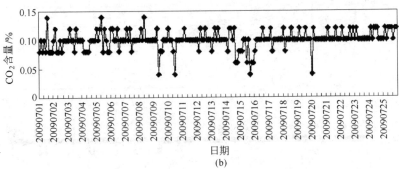

(b)

图 4-33   工作面上隅角中瓦斯和 CO_2 含量

(a) 瓦斯含量；(b) CO_2 含量

综合前述分析可知，巷道的初次来压步距在 55m 左右，周期来压步距在 25.5m 左右，来压步距的离散性较大，并且工作面两端头的来压滞后于工作面中部的来压。工作面瓦斯和 CO_2 等气体的涌出量变化验证了来压步距分析的正确性。工作面前方超前支承压力的影响范围可以达到 100m，要加强上下两平巷的日常矿压观测，在必要时还应加大超前支护的范围。

结语

（1）大倾角煤层开采工作面的采空区上方形成一个梁结构支撑体（*sc* 段），直接顶中段形成悬臂板（*es* 段），使得整个采场覆岩顶板两端受到未冒落顶板与冒落矸石的支撑，形成"厂"形弯曲结构移动拱。"厂"形弯曲结构移动拱与煤层间的顶板形成冒落带的"下位岩层"，其上的"砌体拱"小结构模型产生下沉变形，构成了"上位岩层"。

（2）大倾角煤层条件下，上段冒落矸石沿倾斜工作面向下移动，造成中、下段采空区充填密实，使得在中、下段直接顶中易形成走向的"砌体梁"结构和倾向的多分层复合"倾斜砌体梁"结构，并在基本顶中形成"大结构"和直接顶中形成"小结构"。

（3）大倾角煤层开采工作面基本顶中的"大结构"易于平衡稳定，工作面中、下段直接顶的"小结构"容易失稳，"小结构"失稳造成其上的"大结构"基础受到扰动，从而影响整个采场顶板支架与围岩相互作用，顶板矿压显现规律发生变化。

（4）1201工作面上下端头的剪应力分布远大于工作面中部，工作面上段的底板也较容易产生剪切破坏。

（5）顶煤的变形特点是，在煤壁前方以水平变形为主，可达垂直变形的2倍以上；进入控顶范围后，则顶煤的垂直变形在水平变形10倍以上。进入支架上方的顶煤由三维应力状态变为二维或单向应力状态，顶煤中的层理和弱面得到了发展。

（6）1201首采面开采试验表明，直接顶初次垮落步距为64m，老顶初次来压步距为65~85m，周期来压步距在18~27m之间，拟合后平均为23m；超前支承压力的影响范围为90m，超前支承压力峰值距煤壁15~22m。因此在实际开采过程中应加强90m范围内超前巷道的支护，尤其是距煤壁15~22m处的超前应力峰值区域。

（7）现场矿压实测表明：工作面老顶初次来压范围为39.75~54.75m，老顶平均初次来压步距约为50m。工作面第一次周期来压范围为67~84.5m，周期来压步距平均值为24.45m，这与实验室中所获得的来压步距比较吻合；同时大倾角工作面的初次来压和周期来压的时间和步距离散性较大，并且工作面来压情况具有"两端头来压时间滞后于工作面中部来压时间"的特征。

（8）试验表明，1201首采面开采在350m至停采线的推进阶段，共发生了三次因应力集中而致使工作面后方不同位置的顶板受压崩落现象，因此此段要特别注重加强支护和预防冲击性来压造成支架支柱折损。

（9）1201 首采面受回采采动影响的超前支承压力影响范围为 0～90m，受采动影响剧烈的区域为 15～25m。有鉴于此，建议开采过程中，要及时对工作面前方 90m 范围内做好超前支护，尤其是工作面前方 15～22m 处，应作为加强支护的重点，提高支护强度。

5 大倾角特软煤层煤巷控制力学对策研究

杜家村 1201 大倾角松软厚煤层工作面采用走向长壁综放开采，工作面回风平巷沿 2 号煤层底板掘进，运输平巷沿 2 号煤层顶板掘进，两顺槽基本为全煤巷道，由于煤体比较松软，节理裂隙发育，煤体强度较低，而且煤岩层倾角大，巷道断面大，围岩岩体软弱，致使掘进和支护都很困难。本章基于数值计算，采用 FLAC3D 大型数值软件，分析了大倾角特软煤层煤巷采用不同的巷道断面、支护方式、支护参数时的矿压特征，对比在不同的巷道断面、支护方式、支护参数下，巷道围岩的位移变形情况、应力分布情况、塑性区分布情况等，提出适合杜家村煤矿大倾角特软煤层回采巷道的支护方案，并通过现场矿压观测进行方案验证。

5.1 引言

煤炭作为我国主要能源在国民经济建设中具有重要的战略地位，由于大倾角松软煤层储量丰富、分布范围广泛，现已形成规模开采。据不完全统计，在全国统配煤矿和重点煤矿中，开采大倾角煤层的矿井数约占六分之一[88~90]。大倾角松软煤层巷道由于煤层倾角较大，岩石重力作用方向与岩石层理面方向所成的夹角变小，重力沿层理方向的作用力大大增加，这就使围岩移动、顶板冒落的形态以及巷道变形和支架受载的特征具有了新的特点，回采巷道围岩变形和破坏在同一断面内有着明显的非对称或不均衡特性，而杜家村 1201 大倾角工作面又因煤层极其松软，使得回采巷道的围岩控制更具复杂性和特殊性，对巷道的支护效果要求也更高。巷道支护效果的好坏与巷道断面形式是分不开的，巷道断面形式的不同对巷道变形、支护的受力等影响也不同[91~93]。杜家村 1201 大倾角松软厚煤层工作面，原设计巷道支护方式为回风平巷架棚支护、运输平巷锚带网支护，但由于煤体比较松软，节理裂隙发育，煤体强度较低，加之煤岩层倾角和巷道断面大，围岩岩体软弱，致使掘进和支护困难。因此，急需寻求科学合理的工作面平巷断面形式和支护方式，以确保生产安全高效的进行。同时，研究这种复杂条件下煤层巷道的合理断面形状和支护方式对国内类似矿山的安全高效生产也具有实际意义。

就国内外的研究情况来看，虽然对大倾角煤层平巷掘进也进行了一定研究与试验，但相关文献较少，尤其是在断面形状对大倾角煤层巷道稳定性的影响方面缺乏系统而深入的研究，因而进行断面形状优化和将锚网支护理论和技术有效地应用于大倾角厚煤层这类复杂条件下巷道掘进的支护实践具有很大的现实意义[94~98]。本章通过 FLAC3D 数值分析软件研究了不同巷道断面形状对巷道围岩受力及变形的影响，并对巷道断面进行优化，同时，针对该条件下巷道的支护参数进行优化设计，最终获得了能较好适应于大倾角软岩或高地应力条件的巷道断面形状及支护参数。

5.2   数值分析软件概述

随着计算机技术飞速发展，数值分析方法近些年有了快速发展。物理模型试验需要大量试验经费，而工程实例的数据也往往不具有典型代表性，正因如此，数值模拟方法以其高效经济性而得到广泛应用。常用数值分析方法有：有限元法、有限差分法、离散元法、数值流形法等。目前基于上述方法开发出的软件已有上百种，在应用时需根据工程的实际情况合理选取软件进行模拟计算。煤矿回采巷道支护分析研究的是巷道开挖、围岩稳定的非线性大变形问题，显式有限差分程序 FLAC3D 可以高效地解决这类问题，加之 FLAC3D 软件近几年快速的推广应用，其在煤矿巷道工程方面的一些计算结果也得到了人们的认可，因而在此选用 FLAC3D 软件进行数值模拟分析。

5.2.1   FLAC3D 软件简介

FLAC3D（Fast Lagrangian Analysis of Continua in 3 Dimensions）

由美国 Itasca 国际咨询与软件开发公司联合开发，FLAC3D 目前已广泛应用于交通、石油、采矿、土木、水利及环境工程，在国际土木工程尤其岩土工程界等具有广泛的影响和良好的声誉。FLAC3D 能模拟地质材料发生破坏或塑性流动的力学行为，特别适合分析渐进破坏和失稳以及模拟大变形。

5.2.2 FLAC3D 的基本原理

拉格朗日元法是由 Cundall 所加盟的美国 Itasca 咨询集团于 1986 年开发的。该法将流体力学中跟踪流体运动的拉格朗日方法应用于解决岩体力学的问题。三维快速拉格朗日法是一种基于三维显式有限差分法的数值分析方法，它可以模拟岩土或其他材料的三维力学行为。三维快速拉格朗日分析将计算区域划分为若干四面体单元，每个单元在给定的边界条件下遵循特定的线性或非线性本构关系，如果单元应力使得材料屈服或产生塑性流动，则单元网格可以随着材料的变形而变形，这就是所谓的拉格朗日算法，这种算法非常适合于模拟大变形问题。三维快速拉格朗日分析采用了显式有限差分格式来求解场的控制微分方程，并应用了混合单元离散模拟，可以准确地模拟材料的屈服、塑性流动、软化直至大变形，尤其在材料的弹塑性分析、大变形分析以及模拟施工过程等领域有其独到的优点。

三维快速拉格朗日分析在求解中适用 3 种计算方法：（1）离散模型方法。连续介质被离散为若干六面体单元，作用力均被集中在节点上。（2）有限差分方法。变量关于空间和时间的一阶导数均用有限差分来近似。（3）动态松弛方法。由质点运动方程来求解，通过阻尼使系统运动衰减至平衡状态。

A 离散模型方法（空间混合离散技术）

混合离散方法将区域离散为常应变六面体单元的集合体，又将每个六面体看做是以六面体角点为角点的常应变四面体的集合体，应力、应变、节点不平衡力等变量均在四面体上进行计算，六面体单元的应力、应变取值为其内四面体的体积加权平均。这种方法既避免了常应变六面体单元常会遇到的位移剪切锁死现象，又使得四面体单元的位移模式可以充分适应一些本构模型的要求，如不可压缩塑性流动等，如图5-1所示。

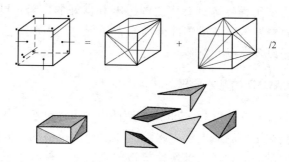

图5-1　空间离散示意图

B　有限差分方法

有限差分法是人们较早用于求解给定初值和（或）边值微分方程组的数值方法。在有限差分法中，基本方程组和边界条件（一般均为微分方程）近似地改用差分方程（代数方程）来表示，即由空间离散点处的场变量（应力、位移）的代数表达式代替。这些变量在单元内是非确定的，从而把求解微分方程的问题改换成求解代数方程的问题。有限元法需要场变量（应力、位移）在每个单元内部按照某些参数控制的特殊方程产生变化。在求解方程组时，有限元程序通常要将单元矩阵组合成大型整体刚度矩阵。有限差分法则不用，它相对高效地在每个计算步重新生成有限差分方程。Cundall. P. A. 博士认为岩石变形模拟中采用显式的有限差分法可能较在其他领域中广泛应用的有限元法更好。

C　动态松弛方法

在动态松弛法中，网格点根据牛顿运动定律（对于连续体其表达式可用张量形式写成式（5-1））运动，网格点的运动速度与该点的不平衡力成正比，在静力平衡条件下，加速度项为0，方程变为平衡方程。

$$\rho \cdot \frac{\mathrm{d}\dot{\boldsymbol{u}}_i}{\mathrm{d}t} = \frac{\partial \boldsymbol{\sigma}_{ij}}{\partial x_j} + \rho \boldsymbol{g}_i \qquad (5-1)$$

5.3 1201回风巷道支护参数优化及数值分析

5.3.1 工程概况

井田整体地质构造为单斜构造,煤层走向北东20°~30°,倾向北西,倾角40°,巷道布置在2号煤层,上距K₃砂岩3~5m,下距L₃石灰岩30~50m。煤厚0.40~11.25m,平均7.13m,属厚煤层,结构简单,不含夹矸,顶板为泥岩及砂质泥岩,底板为砂质泥岩或泥岩,此煤层属全井田基本可采的较稳定煤层。煤岩的单轴饱和抗压强度 R_c 为1.00~1.20MPa,平均值为 $R_c = 1.118$MPa,煤岩的定性特征和定量指标均表明该煤质属极软煤[11]。该矿井最大主应力与水平方向的夹角平均为14.5°,最大主应力大小为竖直应力的1.04~1.38之间,矿井的地应力场以水平构造应力为主,最大水平应力与巷道在倾向上有一定的夹角,因而会对巷道破坏造成一定的影响。

5.3.2 数值模拟分析

FLAC3D程序能较好地模拟地质材料在达到强度极限或屈服极限时发生的破坏或塑性流动的力学行为,特别适用于分析渐进破坏和失稳以及模拟大变形。连续介质快速拉格朗日差分法(Fast Lagrangiananalysis of continua)是近年来逐步成熟和完善起来的新型数值分析方法。在采矿工程中,许多学者利用FLAC软件对采矿过程中围岩活动规律及巷道围岩稳定性问题涉及的岩体力学特性、围岩压力、支护与围岩相互作用关系及巷道与工作面的时空关系等一系列复杂的力学问题进行了研究,取得了显著的成果[99~103]。因此本章也采用该数值分析软件对巷道的不同的支护方式、断面形状进行数值模拟分析研究,对比在不同方案下,巷道围岩的位移变形情况、应力分布情况、塑性区分布情况等,以确定最佳方案。

5.3.2.1 设计方案及比较

根据巷道的用途和服务年限、矿山压力和岩石的物理力学性质、巷道的支护形式和支护材料、施工技术及其装备情况选取三种断面形状进行模拟分析。如图 5-2 所示。

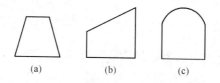

(a)   (b)   (c)

图 5-2   巷道断面形状

(a) 梯形断面；(b) 直角梯形断面；(c) 直墙圆拱形断面

巷道设计的三个方案分别为：梯形断面 + 架棚支护、直角梯形断面 + 锚索锚杆联合支护和直墙圆拱形断面 + 锚索网钢带支护。

从受力方面分析：方案二有明显的缺点，上帮尖角处会产生应力集中，并有可能因此产生大变形导致巷道失稳；相比方案二，方案三的马蹄形断面受力要好得多，围压可以沿巷道周边分散，在一定程度上可以有效地防止应力集中造成的大变形；方案一顶板暴露面积较小，可减少顶压，能承受稍大的侧压。

在掘进方面：方案一和方案二占有明显的优势，因为梯形断面好掌握尺寸，断面可轻松掘出，架棚子、挂网和安设锚杆、锚索都没有太大的困难；而方案三的断面比较难掘出，弧形断面不好把握，另外，钢带也要加工成一定弧度。但从返修率来说，方案三还是有优势的，大量的工程实例说明，直墙圆拱断面的返修率远小于梯形断面。下面通过应用 FLAC3D 软件对以上三个方案进行数值模拟分析，以确定最利于巷道稳定的方案。

5.3.2.2   模型建立

考虑模型尺寸要满足巷道宽度 3~5 倍影响范围，将模型尺寸定为 $40m \times 25m \times 30m$。程序中为减少因网格划分而引起的误差，网格的长宽比不大于 5，对于重点研究区域可以进行网格加密处理。本次模拟分析所用的模型网格数目大致都在 1200 个单元网格。综合考虑计算的速度和精确度，岩层的网格尺寸要大于煤层的网格尺寸。对于需要开挖或者支护的工程，在建模过程中先进行规划，调整网格结点，安排开挖以及支护的位置等，然后根据实际工程确定本构关系，并给模型赋以相应的物理力学参数（见表 5-1）。

表 5-1 巷道围岩物理力学参数

围岩	岩性	密度 /kg·m⁻³	体积模量 /MPa	剪切模量 /MPa	内摩擦角 /(°)	抗拉强度 /MPa	黏聚力 /MPa
顶板	砂岩	2640	7.32×10^3	7.63×10^3	35	1.36	2.4
煤层	煤	1450	1×10^3	1.14×10^3	20	1	1.5
底板	砂岩	2580	7.32×10^3	7.63×10^3	35	1.36	2.4

模型的边界条件包括位移边界和应力边界两种。模型边界的处理方法是：左右边界只约束 x 方向上的位移，前后边界只约束 y 方向上的位移，即单约束边界；下部边界为全约束边界；上部边界不约束，为自由边界；模型的垂直压应力，按巷道上覆岩体的自重考虑，根据地应力测试结果，岩体的垂直应力为 6.75MPa，岩体的水平应力为 13.36MPa。其中围岩的弹性模量为 18GPa，泊松比为 0.18。煤层的弹性模量为 18GPa，泊松比为 0.14。建立好的计算模型如图 5-3 所示。

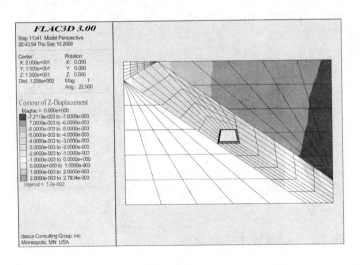

(a)

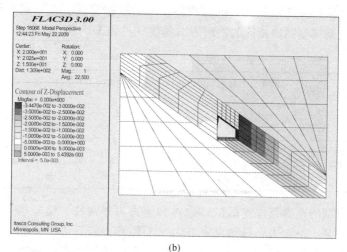

(b)

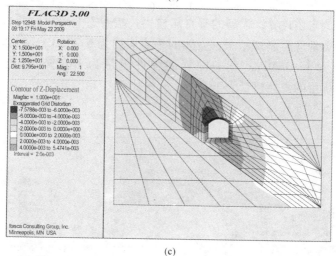

(c)

图5-3　各方案模型

（a）方案一；（b）方案二；（c）方案三

5.3.2.3　模拟情况及分析

利用弹性本构模型，对计算模型施加重力加速度，在小变形模式下运算至平衡后，得到计算模型的初始应力状态。然后将模型设为库仑-莫尔模型，运用 Apply 命令，在模型四周表面施加上原岩应力，运算至塑性平衡状态。再将模型位移置零，对巷道进行全断面一次开挖，然后建立适当的结构单元模拟相应的巷道支护方式，运算至平衡后，监测到巷道的最大不平衡力（见图5-4）、竖直方向和水平方向上的位移分布图（见图5-5）、竖直方向和水平方向上的应力分布图（见图5-6）以及最大主应力分布

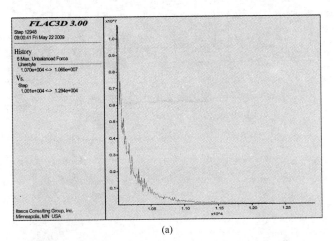

(a)

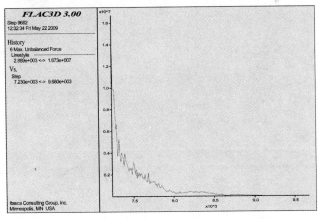

(b)

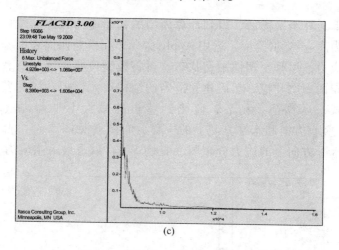

(c)

图5-4   巷道最大不平衡力监测图

（a）方案一；（b）方案二；（c）方案三

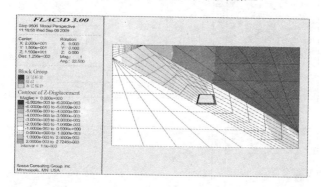

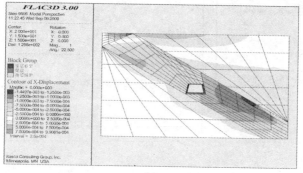

(a)

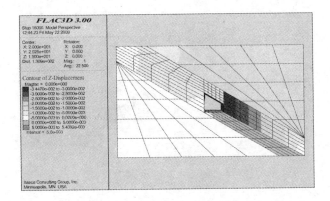

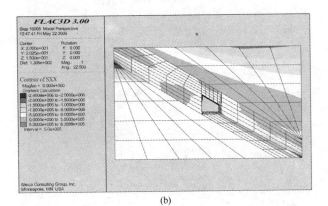

(b)

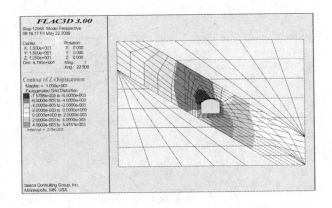

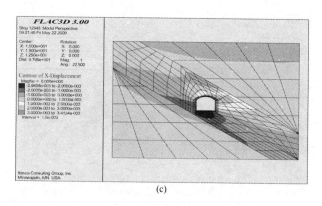

(c)

图 5-5　巷道围岩变形云图
（a）方案一；（b）方案二；（c）方案三

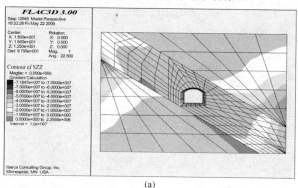

(a)

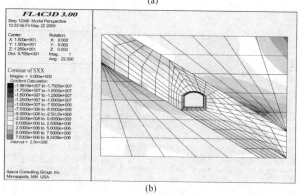

(b)

图 5-6　巷道围岩应力云图
（a）竖向应力分布；（b）水平应力分布

图（见图 5-7）。

图 5-4 反映了巷道开挖后最大不平衡力的变化过程。从曲线可以看出：方案一中巷道最大不平衡力达到了 16.73MPa，运算至 9680 时步趋于稳定；方案二中巷道最大不平衡力达到了 10.83MPa，运算至 16060 时步趋于稳定；方案三中巷道最大不平衡力达到了

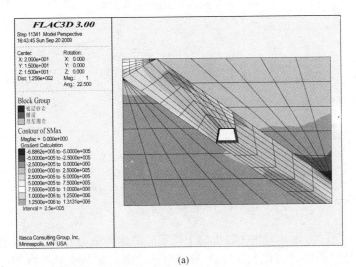

(a)

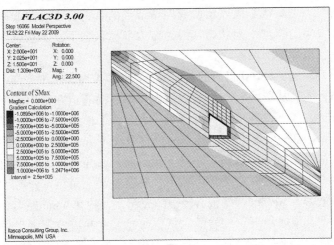

(b)

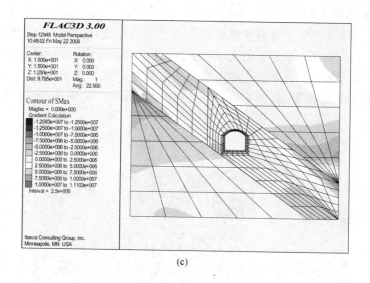

(c)

图 5-7   巷道围岩最大主应力分布云图
(a) 方案一；(b) 方案二；(c) 方案三

10.5MPa，运算至 12940 时步趋于稳定。由此可见，方案三在模型达到平衡过程中显现的最大不平衡力最小，即最不易失稳。这里需要指出的是力平衡状态仅表示所有网格节点的合力为零，并非表明体系处于真实的物理平衡状态，因为在力平衡状态下，体系也有可能正在发生稳定的塑性流动。

图 5-5 为放大 100 倍后的巷道围岩在竖直方向和水平方向上的位移分布云图。从图 5-5（a）可以看出梯形断面巷道在采用工字钢架棚的支护方式下，巷道顶板沉降量较大，整个模型的最大沉降量为11.83mm。水平变形方面，各点的位移量均不大，整个模型的最大水平位移为 3.9mm。从图 5-5（b）可以看出直角梯形断面巷道在采用锚网索 + 钢带的联合支护方式下，巷道左帮上角沉降量较大，最大沉降量为 34.47mm，底板有轻微的鼓起，大约在 5mm 左右，距巷道的巷帮及顶底越近，围岩的水平位移越大，巷道右帮水平位移量较大，最大水平位移为 32.03mm。图 5-5（c）反映了直墙圆拱形断面巷道的变形情况，在竖向变形方面可以看出巷道左帮上角沉降

量较大，为 7.57mm，底板右下角有轻微的鼓起，大约在 4mm 左右。巷道左下角和右上角的水平位移较大，都在 3mm 左右，只是二者的位移方向相反；但是，不论是垂直位移量还是水平位移量，其都比前两个方案的小。

图 5-6 为巷道竖直方向和水平方向上的应力分布图，从图 5-6（a）可以看出，采用锚网索 + 钢带的联合支护方式，模型中竖直方向上的应力最大值为 71MPa，并在模型左下角出现应力集中。巷道周围应力最大处发生在左下帮，大约为 20MPa。从图 5-6（b）可以看出，巷道四周的水平应力均较小，模型中的最大应力发生在左上角，最大值为 12MPa，巷道周围应力较大处发生在左底角，为 5MPa 左右，与前两个方案相比应力绝对值较大，但是应力集中的现象较轻，有利于巷道及支护的稳定。

FLAC 中设定拉应力为正，压应力为负，而围岩的抗压强度一般远大于抗拉强度，则巷道的稳定性主要取决于最大主应力的大小和方向。图 5-7 为巷道围岩最大主应力分布图，由图可知方案一中最大主应力为 1.3MPa，方案二中最大主应力为 1.2MPa，方案三中最大主应力为 2.0MPa，即方案三比方案一和方案二稍大。

综合以上分析，虽然在应力方面方案三的巷道围岩各应力值相对前两个方案较大，但是由于直角圆拱形断面的尖角较少，应力集中效应相对前两方案也相对较小，因此巷道围岩的变形量较小（见表 5-2），也不易发生脆性破坏。

表 5-2　方案变形量比较表

方案 编 号	方案一	方案二	方案三
最大水平变形量/mm	11.83	34.47	7.53
最大垂直变形量/mm	3.9	32.03	3

5.3.3　支护现场矿压测试

为验证以上数值模拟结果，在 1201 回风巷道施工中分段采用以上三种方案分别进行了现场试验和矿压观测。巷道内布置矿压测站 6

个，测站的间距为40m。截至2009年8月16日，方案一的监测数据为：各观测点的平均顶底板相对移近量为102mm，两帮相对移近量为78mm；方案三的监测数据为：各观测点的平均顶底板移近量为33mm，两帮移近量为21mm；方案二因在施工中出现较大变形甚至垮落，故不再进行变形监测。由此可见，巷道表面变形量与数值分析结果基本吻合，说明了方案三比方案一和方案二在控制表面变形方面更具有优势。

5.4   1201 工作面运输平巷支护技术研究

5.4.1   原断面形式与支护方式

1201 工作面运输巷为回采面的运输平巷。巷道沿煤层顶板掘进，断面形式为直角梯形。巷道采用锚带网支护，锚索加强支护。巷道断面形式及支护方式如图5-8所示。锚杆采用直径22mm，长2.5m的左旋无纵筋高强锚杆；锚索采用直径18.9mm，长7m的钢绞线；采用宽×厚=280mm×5mm的"W"形钢带；金属网网孔规格为50mm×50mm，使用10号铁丝编制。两帮锚杆间距800mm，顶板锚杆间距780mm；顶板和两帮的锚杆排距均为800mm；锚索采用"五

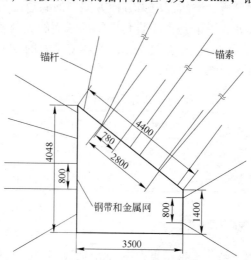

图 5-8   1201 南运输巷断面及支护示意图

花"布置,间距 2.8m,排距 1.6m。

5.4.2 变形破坏特征及机理分析

5.4.2.1 原支护方式下运输平巷的变形破坏特征

A 初期变形破坏特征

巷道在掘进后的初期,围岩应力重新分布,并由表及里产生塑性区,巷道收敛速率逐渐变慢,经过 30 天左右的时间,巷道进入稳定阶段,变形量很微小。这一时期,巷道的顶底板移近量在 100mm 左右,两帮移近量在 80mm 左右。

B 长期变形破坏特征

巷道成形 3 个月以后,围岩变形速率又开始加大,特别是两帮围岩和巷道底板的变形量急剧增加。对比两帮的变形量还可以发现,虽然靠底板侧的上帮比靠顶板侧的下帮高度高很多,但下帮变形量明显大于上帮,特别是下帮的上部变形量最大,另外,下帮的下部变形量也较大。根据现场测量绘出的巷道变形前后形状示意图如图 5-9 所示。

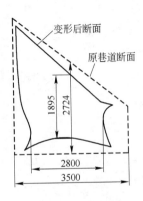

图 5-9 1201 南运输巷
变形特征示意图

从图 5-9 可以看出,巷道顶底板移近量达 829mm,两帮移近量达 700mm。如此大的变形量严重影响了巷道的正常使用,右帮侧行人空间狭小,人员进出困难;断面的缩小还影响了正常通风;底板鼓起造成皮带运输机与顶板的距离越来越近。

C 回采影响期间变形破坏特征

随着回采面的不断推进,煤壁前方超前支承压力对巷道造成扰动,虽然在巷道内超前 30m 进行了超前支护,但超前支护范围以外的巷道变形依然比较剧烈。超前支护范围内的巷道变形最显著的特点是顶底板移近量急剧增加,以至于造成顶板压实转载机机头的现象。在超前支护范围以外的巷道围岩薄弱地点甚至发生了顶板断裂、围岩冒落堵死巷道的现象。

5.4.2.2　原支护方式下运输平巷的变形破坏机理分析

采用力学分析方法，把顶板假设为梁，梁的长度为巷道顶板范围4.4m并向下帮侧延伸2.5m。对这个范围内的顶板建立模型，将顶板简化为一个简支梁，两个支座分别为固定铰支座和链杆支座。顶板所受外力简化为锚杆集中力、岩层均布重力和煤墙线性支撑力，如图5-10所示。

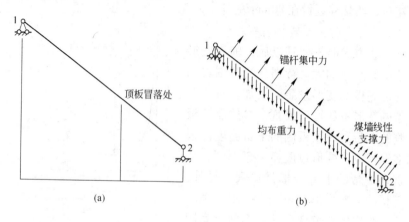

图5-10　顶板力学模型

（a）顶板力学模型；（b）模型受力图

因为煤墙的支撑力已经简化为了线性支撑力，所以在模型中支座2是没有力的，只起到位移约束的作用，模型受力分析如图5-11所示。锚杆集中力 F 和重力分布力 q 值为已知，通过力及力矩平衡方程，可以求出煤墙的线性分布力 q'，从而可以用结构力学知识求出顶板的内力（剪力和弯矩）。

根据 x 方向、y 方向受力平衡方程和两个支座的力矩平衡方程可求得 q' 的表达式：

$$q' = \frac{30FL\cos\theta(\cos\theta - \sin\theta)}{(3L - L_2)L_2} \tag{5-2}$$

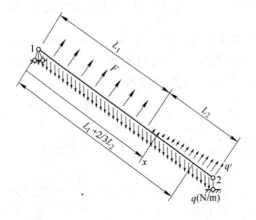

图 5-11 模型受力分析图

由此可以求出梁上任意点 x 处的剪力为：

当 $0 \leqslant x \leqslant L_1$ 时，

$$F_Q(x) = \frac{qL\cos\theta}{2} - \frac{7F(L+L_2)}{2L} - \frac{q'L_2^2}{6L} - qx\cos\theta + \frac{7F}{L_1}x \quad (5\text{-}3)$$

当 $L_1 \leqslant x \leqslant L$ 时，

$$F_Q(x) = \frac{qL\cos\theta}{2} + \frac{7FL_1}{2L} - \frac{q'L_2^2}{6L} - qx\cos\theta + \frac{q'}{2L_2}(x-L_1)^2 \quad (5\text{-}4)$$

梁上任意点 x 处的弯矩为：

当 $0 \leqslant x \leqslant L_1$ 时，

$$M(x) = 2qx(L-x) - \frac{14F}{L_1}x(L_1-x) - \frac{7L_2F}{2L}x - \frac{q'L_2^2}{6L}x \quad (5\text{-}5)$$

当 $L_1 \leqslant x \leqslant L$ 时，

$$M(x) = 2qx(L-x) - \frac{7L_1F}{2L}(L-x) - \frac{q'(L-x)}{6L_2L} \times$$

$$(3L_2^2L - L_2^3 - 3L_2L^2 + L^3 - 2L^2x + 3L_2Lx + Lx^2) \qquad (5\text{-}6)$$

根据现场实际情况，取均布重力 $q = 70560\text{N/m}$，锚杆集中力 $F = 10000\text{N}$，线性均布力 $q' = 159105\text{N/m}$，$L_1 = 0.62687L$。画出顶板梁的剪力图和弯矩图，如图 5-12 和图 5-13 所示。

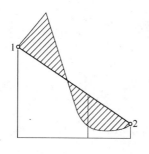
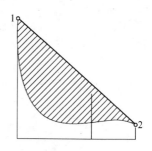

图 5-12　顶板梁所受剪力图　　　　图 5-13　顶板梁所受弯矩图

由顶板梁所受内力图可以看出，梁中部所受剪力最小但所受弯矩却最大，故顶板破坏的始发点最有可能是梁的中部，即下帮的顶角附近。由于不断扩帮和不及时支护，右帮煤体失去了锚杆支护作用，导致其整体性降低并不断松散、变形，因而承载能力必然下降，即 q' 降低。根据顶板梁的弯矩公式可以看出，弯矩的大小与 q' 的大小成负相关关系，随着 q' 的降低，顶板梁所受弯矩不断增大，当弯矩达到顶板梁的破坏极限值时，顶板破裂从而引发冒顶。

5.4.3　新的运输平巷断面形式与支持方式的提出

1201 工作面运输平巷的直角梯形断面两帮变形量较大，致使右帮侧行人空间狭小，人员进出困难；整体断面积缩小，影响正常通风；底板鼓起明显，造成皮带运输机与顶板的距离越来越近，不得不多次反复起底，影响生产。为解决这些问题，在以上分析的基础上，提出了留三角煤特殊断面下锚网索联合支持的方式，如图 5-14 所示。

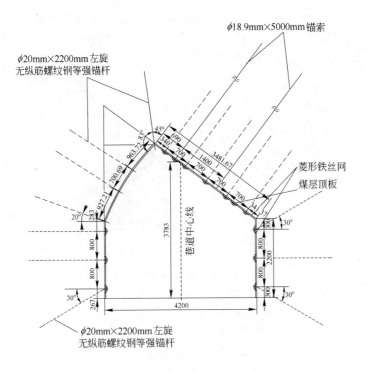

图 5-14 留三角煤特殊断面下运输平巷支护

5.4.4 新支护方式的数值模拟分析

5.4.4.1 新断面形式下支护参数优化

对运输平巷的留三角煤特殊断面利用数值分析的方法,进行无支护(方案一)与锚杆(索)带网联合支护(方案二)进行对比研究。其中,锚杆(索)带网的联合支护参数如下:

(1)锚杆布置:顶板锚杆长度 $L=2200\text{mm}$,锚杆直径 $\phi=22\text{mm}$,锚杆间排距为 800mm,两帮锚杆长度 $L=2500\text{mm}$,锚杆直径 $\phi=22\text{mm}$,锚杆间排距为 700mm。

(2)锚索布置:锚索布置在顶板中部,锚索直径 $\phi=15.24\text{mm}$,长度 $L=7000\text{mm}$,排距 2100mm,呈三花型布置。

建立模型尺寸为 43.6m×40m×44m,数值模型如图 5-15 所示。首先,利用弹性本构模型,通过对计算模型施加重力加速度,在小变形模式下运算至平衡后,得到计算模型的初始应力状态,如图 5-16 所示。

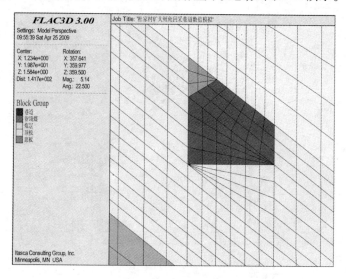

图 5-15   数值模型图

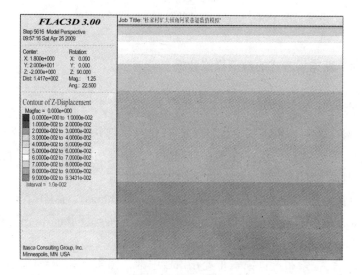

图 5-16   模型初始应力状态图

　　通过对无支护状态下的方案一进行数值分析，可以得到巷道围岩竖直方向和水平方向的位移分布，如图 5-17 所示。运算 3000 步

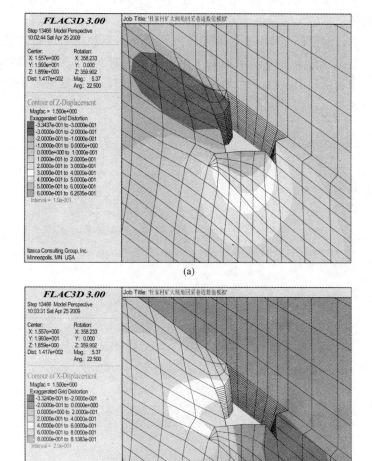

(a)

(b)

图 5-17　巷道围岩位移分布图

（a）巷道围岩竖直位移分布；（b）巷道围岩水平位移分布

时，顶板下沉量最大为100mm，底板最大鼓起量为630.07mm，上帮煤体垂直位移达到334.37mm，上帮最大偏出量为813.83mm，下帮最大偏出量为332.4mm，由以上数据可以得出，无支护情况下，巷道破坏严重，无法满足施工要求。

通过对锚杆（索）带网联合支护状态下的巷道受力进行数值分析，监测到如图5-18所示的最大不平衡力与时间步长的关系曲线。从图中可以看出，巷道经历了三个阶段的调整，最后最大不平衡力调整为零，达到了平衡。

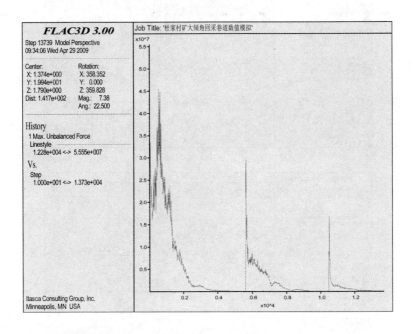

图 5-18　最大不平衡力与时间（步长）的关系曲线

图5-19为巷道围岩位移分布图，从图5-19（a）可以看出，巷道顶板最大下沉量为20mm，底板最大鼓起量为69mm，顶底板相对移近量为89mm，从图5-19（b）可以看出，巷道两帮最大移近量为56.6mm。从数值模拟结果来看，在这种支护形式下，巷道围岩位移变化不大，能够满足施工要求。

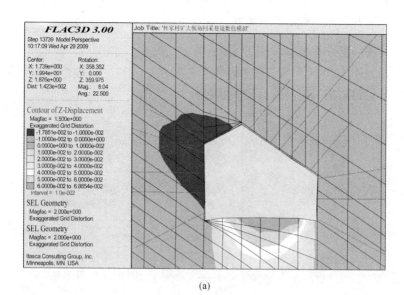

(a)

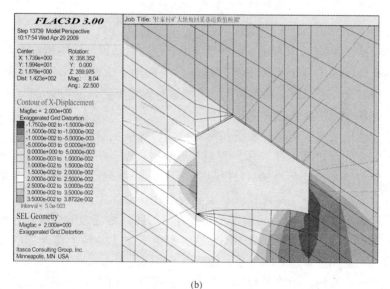

(b)

图 5-19 巷道围岩位移分布图

（a）巷道围岩竖直位移分布；（b）巷道围岩水平位移分布

5.4.4.2 原支护方案和新支护方案比较

A 围岩塑性区发展比较

如图 5-20 所示为运输平巷直角梯形断面和留三角煤特殊断面数值分析模型的围岩塑性区发展状况。

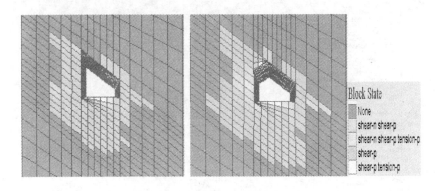

图 5-20 巷道围岩塑性区发展图

从图 5-20 可以看出，两种情况下巷道围岩塑性区范围相差不大，且在底板都出现了大范围剪切破坏，上帮比下帮塑性区范围要大，从围岩变形上来看，两种情况下都能够有效地控制住围岩变形。

B 围岩水平应力分布比较

运输平巷直角梯形断面和留三角煤特殊断面分析模型的围岩水平应力分布如图 5-21 所示。直角梯形巷道模型，上帮离顶板越近水平应力越大，最大为 10.17MPa，出现应力集中，因而使巷道上帮锚杆受力较大。留三角煤特殊断面巷道模型，巷道上帮所受最大水平应力为 4.0MPa，从巷道上帮往顶板方向的区域为应力升高区，在顶板附近，应力最大为 9.25MPa，这就避免了由于巷道上帮全部刷成竖直而造成应力过高的现象，锚杆也不致因受力过大而造成断裂。

综上所述，运输平巷选用原支护方案即直角梯形巷道，虽然能够有效地控制住巷道围岩变形，但是由于上帮刷帮过大，造成上帮靠近顶板处应力过高，在现场施工中，此处还出现了锚杆断裂的现象。留三角煤特殊断面巷道模型，在控制了巷道围岩变形的同时，还

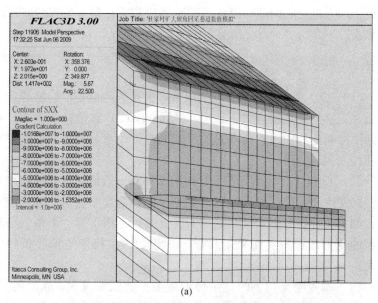

(a)

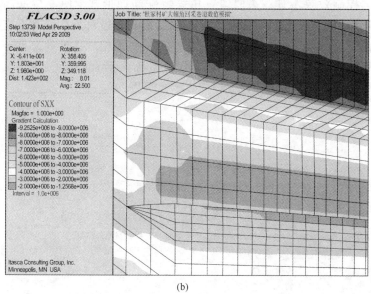

(b)

图 5-21 巷道围岩水平应力分布图

(a)直角梯形巷道水平应力分布；(b)留三角煤特殊断面巷道水平应力分布

避免了应力过大的问题，因此运输平巷应该采用留三角煤的特殊断面形式。

结语

（1）1201 工作面回风平巷变形量过大是因为近矩形的梯形巷道断面和工字钢棚支护方式不适应，通过 FLAC3D 数值模拟表明，直墙圆拱形断面与锚网索联合支护形式能有效改善巷道围岩的应力状态和控制围岩变形。

（2）1201 工作面大倾角平巷初期变形和一般的巷道变形规律相似，即发生一定变形量后便稳定下来；但长期变形量与一般巷道不同，如 3 个月后变形量又开始加大，尤其以上帮下部、下帮上部和底板的变形较严重；回采期间变形量也较大，特别是顶底板收敛量大。

（3）锚带网支护下的直角梯形运输平巷刷帮过大，底鼓明显，围岩控制效果不佳；采取留三角煤特殊断面形式，使上帮壁高在 2.0～3.0m 之内，可增加巷道的有效断面。通过对其在锚网索支护条件下进行力学与数值分析，得出巷道顶底板相对移近量为 89mm，两帮相对移近量为 56.6mm，既有效地控制了巷道围岩的变形，又避免了因上帮刷帮过大而造成锚杆破坏的问题。

6 大倾角松软厚煤层综放采场围岩控制技术研究

大倾角松软厚煤层综放开采能否安全高产，围岩控制是关键因素。围岩的控制与开采过程中工作面支架的合理选型有关；在开采过程中支架稳定性对于围岩-支架这一支护共同体的稳定性至关重要，因此，有必要研究支架的稳定性和工作面支架稳定性控制技术及工作面煤壁的稳定性；同时，由于大倾角松软厚煤层综放开采过程是一个动态过程，合理的采煤工艺也必将有助于提高采场围岩的稳定性。因此，本章拟从支架控制原则、支架选型、支架稳定性控制、煤壁稳定性控制及采场合理的采煤工艺等方面分析采场围岩控制技术。

6.1 采场围岩控制原则

从工作面推进方向看，整个采面上覆岩层中临近煤层的老顶岩层形成的结构由"煤壁-回采工作面支架-采空区已冒落的矸石"支撑体系所支撑。由于特定的工作面冒落矸石的特性已定，若要控制采面采场的围岩，就要保证煤壁的稳定性和支架良好的支护性能。从垂直方向看，采场支架作为上覆煤层-支护共同体的关键，是维护采场安全生产的结构体，其并不是孤立存在的，而是处在一个由围岩组成的体系中。支架与围岩相互作用体系由老顶-直接顶（包括顶煤）-支架-底板组成。基于对杜家村矿1201工作面上覆煤岩力学特性、结构形式、运移规律和工作面矿压显现的分析，可确定大倾角松软厚煤层综放开采采场围岩控制原则为：

（1）液压支架的可缩量能够适应上覆岩层裂隙带下沉；

（2）液压支架的工作阻力能够支撑上覆岩层垮落带的重量；

（3）液压支架能够确保不因软底板而发生"扎底"现象；

（4）工作面配套设备具有防滑防倒的能力；

（5）避免支架上方煤岩冒顶、漏顶，并确保煤壁不发生片帮。

6.2 支架选型的合理性评价

杜家村矿煤层具有倾角大、煤层软、直接顶软和直接底软的赋存特点。直接顶软对于放顶煤开采是有利的，直接顶板的及时充分垮落可以很好地充填采空区，提高顶煤回收率。随着放顶煤技术的发展，大倾角煤层的放顶煤综采技术愈来愈受到重视，但杜家村矿煤层的煤质较软和煤层大倾角的叠加，却增加了综放开采的难度。由于煤层大倾角的存在，工作面设备尤其是液压支架的工况复杂性将导致其对顶板的防护不完全，破碎的顶煤容易从架间冒落。一旦产生架间冒落，由于倾角的存在，影响范围将不断扩大，从而造成安全隐患。另外，软煤层和倾角的相互作用也会导致支架后部放煤情况的复杂性，所有这些都会影响支架与围岩的相互作用关系，进而影响采场顶板的控制。

液压支架的合理选择是综放开采的关键，根据杜家村矿煤层厚度和大倾角的特点选择低位放顶煤液压支架。低位放顶煤支架有两种形式，一种是反四连杆放顶煤支架，另一种是正四连杆放顶煤支架。反四连杆放顶煤支架由于受其结构限制，在支架高度降低时，人行横道也相应变小，因此不太适合厚度变化大的煤层开采，而正四连杆放顶煤支架可克服这些缺点，由于其使用效果较好，在国内有单面年产600万吨的纪录，因而目前已在全国广泛推广使用。本章结合杜家村矿综放工作面地质条件特点，选择正四连杆低位放顶煤支架作为首采面支架。

6.2.1 支架对软煤层的适应性

煤层太软容易造成工作面的片帮冒顶，导致顶板控制困难。由于放顶煤开采的支架上方直接接触的是煤层，而煤层具有塑性，尤其在煤层较软时，顶板压力会通过煤层传递到工作面支架。一方面由于煤层的存在，工作面支架的压力相对较小，但同时其对顶板的反作用力也减小，导致对顶板的切顶效果较差，顶板不易垮落，在顶板不是很坚硬时，上述问题尚不是很突出，但如果顶板坚硬就要采取措施才能保证顶板及时垮落；另一方面，由于煤层承受了顶板的压力，因而变得更加破碎，如果措施不当，就会造成支架上方顶煤冒空，出现支架空顶现象，造成安全隐患。

针对杜家村矿1201工作面煤层较软的情况，主要可采用如下措施：

（1）对于软煤层的开采应加强支护能力。提高支架初撑力并采用整体顶梁提高顶梁前端支撑能力，对于缓减工作面前方煤体的拉应力影响，减缓工作面煤壁片帮冒顶是非常有效的。

（2）支架设计采用伸缩梁带护帮机构，对采煤机割煤过后的顶板和煤壁进行有效支护，防止其因变形和应力状态的改变而造成片帮冒顶。

（3）为保证极软煤层放顶煤工作面的顺利开采，设计的支架结构应加强密封，防止漏煤和支架顶空。采用整体顶梁长侧护板结构对顶煤进行全封闭；支架顶梁与掩护梁之间采用密封结构；支架掩护梁和尾梁之间采用密封装置；两邻支架尾梁之间采用侧护板进行密封。

（4）在极软厚煤层放顶煤工作面条件下，若万一出现支架顶梁上方顶煤失稳情况，支架在"降-移-升"行走过程中，为保持顶煤与支架的正常状态，需采取以下技术措施：

1）带压擦顶移架。控制系统采用擦顶移架阀，先操作拉架动作阀，接着操作降柱动作阀，以保证支架顶梁擦顶移架。

2）卸压擦顶移架。对于个别底座下陷导致移架困难的支架，在支架卸载同时，操作支架提底千斤顶阀，使支架顶梁不脱离，而底座抬起，从而达到擦顶移架目的。

6.2.2 支架对软底板的适应性

软底板会使支架在承受较大压力下产生"扎底"或滑移现象，影响支架对顶板的控制效果。控制软底板对支架影响的具体措施为：

（1）煤层伪底为碳质泥岩，较软，厚约200mm，可以通过采煤机直接采出，使支架处于较硬的直接底板上，防止支架下陷和工作面设备的不稳定。

（2）在支架设计时，改善支架合理的作用点位置，并增大底板面积，尽量减小底板比压，防止底板尖端扎底。

（3）支架采用邻架抬底装置。底座抬底机构的主要作用是，支架移架时，抬底座前端，减小底座前端的比压影响，力求扫清浮煤，加快推进速度。抬底机构可有效地提高支架对工作面极软底板的适应性，是保证实现高效开采的重要措施之一。

6.2.3 大倾角综放液压支架防护措施

大倾角综放工作面作业人员的安全必须得到可靠的保障。防护性能是大倾角液压支架的一个最重要的基本性能，这也是防止安全事故发生的重要措施。液压支架防护装置主要有以下两种：

（1）在支架顶梁前端设置可摆动防护板装置。当采煤机割煤经过时，将其收起；当采煤机割过去后，再将其放出，并形成一个隔离煤缝，从而在机道上方无支护空间形成一道安全屏障。

（2）在工作面上，每隔5～7个支架，在支架的前部行人空间纵向方向（垂直煤壁方向）挂一扇柔性挡帘，以缓冲甚至极大降低滚矸、煤块对人的伤害。

对于"三软"煤层，为了防止架前冒顶，要求顶梁（前梁）端部的承载能力要大，并且要把支架控顶的全长范围最大限度地封闭起来，切实保证顶梁的接顶性，避免倒架。鉴于以上原因，如果用整体顶梁，顶梁侧护板要封闭到顶梁的最前端；若用铰接顶梁，其前梁部分也要设置侧护板。针对杜家村矿1201工作面大倾角"三软"煤层地质条件，液压支架采取了如下设计：

（1）为了防止操作时矸石伤人，液压支架采用邻架控制，拉后溜装置为软连接方式，防止千斤顶损坏。

（2）支架整体参数优化，减小结构件配合间隙，结构件焊后整体镗孔，轴、孔最大间隙不大于1mm，连接耳轴向最大配合间隙应小于10mm，以提高支架的抗偏载能力及整体稳定性。

（3）支架初撑力应足够大。支架初撑力和工作阻力之比大于83%，还需配备初撑力保持阀，确保支架达到初撑力。

（4）支架设计最大使用角度时，应确保支架一侧活动侧护板能灵活推出和收起，支架最大、最小总体宽度应超过工作面煤层最大伪斜角对宽度的要求，并且底座应设有导向梁式调架装置，以满足及时调整支架需要。

（5）支架侧护板应设为双侧活动侧护板。侧护板需满足相邻支架前、后错动一个步距的宽度，确保移架方向不小于 200mm 宽度的重合量；相邻支架高差大于 200mm 时，保证顶梁侧护板在高度方向上大于 200mm 宽度的重合量；双侧活动侧护板可根据工作面倾斜方向设置，以加强支架对工作面的适应性。

（6）加大侧推千斤顶缸径，提高防倒能力和扶正能力；顶梁采用长侧护板可以密封到顶梁最前端，掩护梁和尾梁采用可活动侧护板，可对后部空间起到密封作用。

（7）在采煤机道与人行道之间应设有隔离装置，防止煤块或矸石伤人。

（8）支架关键受力部位采用高强度钢板，并优化焊缝布置，以减小受力时的应力集中，销轴应采用高强度合金钢 30GrMnTi 或其他高强度材料，以提高支架的结构强度和可靠性。

（9）为保证软煤层放顶煤工作面的顺利开采，设计的支架应加强密封形式：1）采用全封闭、整体结构伸缩梁；2）支架顶梁与掩护梁之间采用密封结构；3）支架掩护梁和尾梁之间采用密封装置；4）两相邻支架尾梁之间采用侧护板进行密封。

6.2.4 支架工作阻力的确定

（1）按现行较通用的岩石体积重度法公式计算：

$$q_z = K_d \cdot \frac{M}{K_p - 1} \cdot \gamma \tag{6-1}$$

式中　　q_z——支护强度，kN/m²；

　　　　K_d——动载系数，取 $K_d = 1.2$；

　　　　M——一次采厚，考虑最危险状态，取最大采出值 $M = 10m$；

　　　　K_p——冒落矸石的碎胀系数，本次计算取 1.45；

　　　　γ——顶板岩石的体积重度，取 25kN/m³。

根据式（6-1）可算出支架的支护强度 q_z 为 667kN/m²，则支架工作阻力为：

$$P = q_z(L_K + L_D)B \tag{6-2}$$

式中　P——支架工作阻力，kN；

　　　　L_K——梁端距，取 $L_K = 0.3$m；

　　　　L_D——顶梁长度，取 $L_D = 4.5$m；

　　　　B——支架宽度，取 $B = 1.5$m。

计算可得液压支架的工作阻力 $P = 667 \times (4.5 + 0.3) \times 1.5 = 4802$kN，取整后为 4800kN。

（2）根据放顶煤工作面现场监测数据进行回归计算为：

$$P_{max} = 1939 + 2.1H + 471f + 155/M_d \tag{6-3}$$

式中　P_{max}——支架工作阻力，kN；

　　　　H——煤层埋深，取 550m；

　　　　f——煤的硬度系数，取 0.5；

　　　　M_d——顶煤厚度（煤厚平均 7.13m，机采高度 2.2m），取 5.0m。

将各参数代入回归公式得液压支架工作阻力 P 为 3360.4kN，取整后为 3360kN。

（3）综合考虑岩石体积重度法和现场实测数据的回归公式，计算出液压支架工作阻力，综合考虑支架型号的标准化和泵站压力等因素，确定选取的支架工作阻力应大于 4800kN。

6.3　工作面支架的稳定性控制研究

6.3.1　支架的稳定性分析

液压支架在大倾角工作面中正常工作时，在支架自重 G、初撑力 N_1、底板反力 N_2、顶板压力的合力 N、上下邻架间挤靠力 F_1 和 F_2 的共同作用下处于平衡状态，如图 6-1（a）所示。

若支架上述平衡状态被打破，则表明支架所受合力作用点偏出底座，此时支架会失稳。支架失稳倾覆的瞬间，底板反力 N_2 作用于

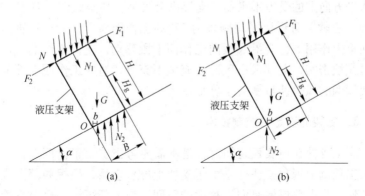

图 6-1 支架工作时受力分析图

(a) 正常工作受力；(b) 抗倒极限平衡

O 处（见图 6-1（b）），根据力矩极限平衡条件可得[104,105]：

$$Gb = (F_1 - F_2)H + \left(H \cdot \sin\alpha - \frac{B}{2}\cos\alpha\right)N$$

$$b = \frac{B}{2}\cos\alpha - H_g\sin\alpha \qquad (6-4)$$

式中 b——支架自重作用方向与支架底座下边缘的水平距离（自稳力臂），mm；

H——支架高度，mm；

B——支架底座宽度，mm；

H_g——重心高度，mm。

由式（6-4）可以看出，b 与 H_g 成反比，b 与 B 成正比，b 与 α 成反比。即支架重心越低，底座越宽，支架适应倾角和压力的能力越强。

从图 6-1 可以看出，支架自稳力臂 b 随支架底座宽度增加而变大，随支架重心高度增加而减小，即支架底座越宽、重心越低、支撑高度就越低，支架自重稳力矩则越大，支架抗倾倒能力也越强。上述受力分析中，忽略了支架尾梁所受来自滑落顶煤和矸石的外载作用力。若此外载的水平合力大于支架正常工作时的摩擦力，支架在水平方向上的受力不平衡，支架也会失稳，甚至倾倒。对于1201这种"三软"且煤层平均倾角为37°的工作面而言，采空区冒落矸石在重力作用下，会沿底板向工作面下段移动，使得工作面下部采空区充填密实，上部采空区矸石充填不充分，造成工作面上部液压支架倾倒的风险性与复杂性增大。

6.3.2   支架的稳定性控制技术

支架支撑在顶底板之间时，是不需要考虑支架下滑问题的，而支架出现倒架现象，往往是由于支架上方冒空后，顶板局部失去了完整性，且上部煤层有向下移动的空间，当上部煤层垮落时，垮落分力等导致的矿压显现使支架倾倒[106]。由此可见，支架的倾倒、下滑问题，大多是在支架脱开上部煤层（如降柱行走过程）时出现的，因此，应重点研究支架前移过程中的防倒防滑问题。

6.3.2.1   支架防倒

由图6-1可以看出，如果支架重心铅直线在支架底座范围内，支架是不可能发生倾倒的，但如铅直线在底座外范围，支架将可能因失稳而发生倾倒。根据公式（6-4），支架的重心高度按1.5m，宽度按1.5m计算，大致可得出大倾角综放支架的极限倾倒角大约为26.6°，考虑存在一定的安全系数后，认为支架倾角在27°以上时工作面支架易出现倾倒现象。

1201工作面煤层倾角为37°已远大于极限倾倒角，在开采时可采用伪斜方式布置工作面（见图6-2），以减小工作面倾角，同时支

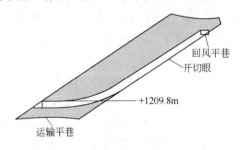

图6-2   工作面伪斜布置示意图

架需加防倒防滑装置，主要措施有：

（1）确保支架顶梁间没有间隙，没有倾倒的空间；支架侧护板设置千斤顶装置和侧推弹簧，保证支架顶梁间相互靠紧，始终有足够的扶正力，防止倒架现象的出现。

（2）邻架顶梁间增设调架千斤顶，支架出现倾倒时可以以支撑顶板的相邻支架作为支点，采用千斤顶调整该支架位置，如图6-3所示。

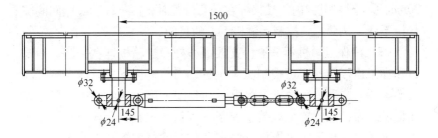

图6-3 顶梁防倒装置

6.3.2.2 支架防滑

支架在前移过程中是否会下滑，关键要看支架下滑力与支架摩擦力谁最终起作用。如支架下滑力大于摩擦力，则支架下滑；否则支架不下滑。如图6-4所示，设支架的受力为 T，支架的滑动摩擦系数为 μ，则支架不下滑的条件为：

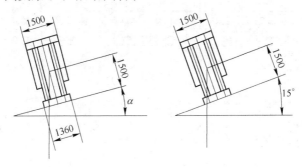

图6-4 支架下滑极限示意图

$$T\sin\alpha < T\mu\cos\alpha \tag{6-5}$$

取支架的滑动摩擦系数 μ 为 0.3，通过计算，可以求出支架下滑极限倾角为 16.7°。所以，当工作面倾角大于 15°时，就需对支架采取防滑措施，主要措施有：

（1）将大倾角工作面伪倾斜布置，尽量减小工作面开采时的倾角，如图 6-2 所示。

（2）设置推移杆全程导向，推移杆与底座间隙控制在 15 ~ 20mm（单侧）范围内。推移杆在任意位置时，推移杆和底座间间隙保持不变，从而达到控制运输机下滑的目的。

（3）确保运输机不下滑。支架推移杆和运输机连在一起，运输机和支架连接的耳子可控制支架位置，当运输机下滑时，必然带动支架下滑，同理，运输机上窜也带动支架上窜，因此，在综采工作面控制运输机的位置也就基本控制了支架的位置。在现场实际使用中，可通过控制运输机推移顺序来调整运输机位置：先推机头，可使运输机上窜；先推机尾，则可使运输机下滑。如先推运输机机头，以一次推 8 节槽子为例计算，先推一次机头可将运输机上移约 30mm。

（4）相邻支架底座之间设置防滑千斤顶，以较大初撑力支架为支点，调整相邻支架的位置，如图 6-5 所示。

（5）在运输机和支架间设置防运输机下滑装置，可每隔五架设

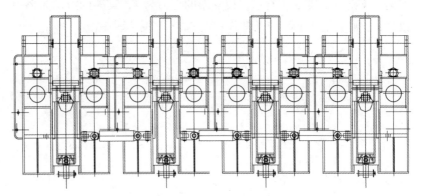

图 6-5　支架间防滑设置图

一组，同时推移运输机时，可通过控制防滑千斤顶动作，实现牵引运输机上移，如图6-6所示。

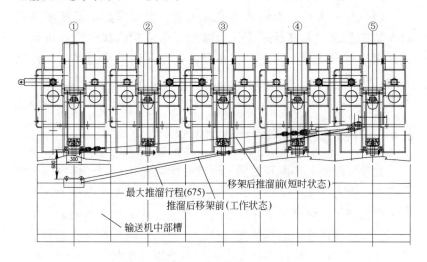

图 6-6 运输机和支架间的防滑装置

6.3.2.3 大倾角煤层开采综放液压支架稳定性分析

大倾角综放液压支架稳定性分析包括单个支架稳定性控制和相邻支架组间稳定性控制两方面，其目的在于尽量有效提高支护系统稳定性。除上述所提支架防倒防滑问题外，还需采取以下措施提高支架稳定性：

（1）尽可能选用中心距1.5m或以上型号的支架。在井下运输条件允许情况下，应尽量选用中心距1.5m或以上型号支架，应在保证拉后溜千斤顶空间情况下尽量加宽底座。

（2）在保证对顶板支撑强度前提下减轻支架重量。大倾角厚煤层走向长壁开采时，由于支架重量与稳定性呈反比关系，因此，当支护强度能满足要求时，可尽量减轻支架重量，提高稳定性。

（3）增加初撑力和工作阻力，降低底板比压。加大支架初撑力，工作时充分利用工作阻力，如移架时保持一定阻力，可提高支架稳定性；加大支架阻力时，以不破坏煤层底板为前提，同时需确保支架与顶底板接触状况良好；另外，还需依靠加大底座面积，调整合力作用点位置来降低底板比压。

（4）控制采高，加快采面推进速度。控制采高也即控制开采时支架的高度，超高开采不仅会降低支架的横向稳定性，也易造成移架、推溜困难。因此，在不降低工作面回采率前提下，控制采高，可提高开采时支架的稳定性，防止架间相互挤、咬现象发生。

6.4   工作面煤壁的稳定性控制研究

大倾角综放工作面开挖后，煤壁一侧为自由区域，煤壁处于两向或单向受力状态。1201 工作面煤壁的松软煤体在矿山压力作用下产生塑性破坏，容易发生片帮和冒顶现象。片帮和冒顶会影响煤壁对工作面上覆顶煤和岩体的支撑作用，同时影响工作面支架与围岩的相互作用关系，反过来这又会进一步加剧片帮和冒顶，对采场顶板的控制产生不利影响。因此有必要对煤壁进行受力机理分析和稳定性控制研究。

6.4.1   煤壁的受力模型分析

综放开采的工作面在推进过程中，煤壁前方煤体中的应力重新分布，1201 工作面本来就松软的煤层在超前支承压力作用下易产生新的格里菲斯破坏，节理、裂隙的增加，加大了煤壁的塑性破坏。在顶板压力的作用下，处于松软塑性状态的煤壁会因拉应力的作用而产生破坏，且主要表现为水平方向的拉应力。在竖直方向上则以剪切应力为主，且远大于水平方向上的。

煤壁处一侧为实体煤，另一侧为无支护的自由区域，由于矿山压力的作用，煤壁处的煤体在拉应力的作用下，会向自由侧移动，造成煤壁破坏，即所谓的片帮[107]。煤壁受力模型可视为平面应变问题，如图 6-7 所示，取工作面煤壁前方一定宽度煤体，煤体的前、下两侧的变形是固定的，顶煤受到矿山压力所形成的支承压力作用，而煤壁靠采空区一侧是自由区域。

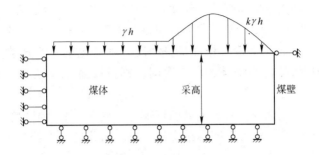

图 6-7 煤壁受力分析模型

h—上覆岩层厚度，m；γ—岩层体积重度，kN/m^3；

k—应力集中系数

6.4.2 煤壁的稳定性控制技术

稳定的煤壁不但能够保证对上覆煤岩的有力支撑，还能够维护支架与围岩的相互作用关系，达到对采场顶板控制的良好效果，确保安全生产。由于煤壁-支架-顶板是一个支护体系，所以煤壁稳定性的控制措施不但要考虑煤壁本身，还要考虑支架的结构、性能和开采工艺。具体的控制措施有：

（1）合理提高初撑力和工作阻力。合理提高初撑力和工作阻力，可有效提高支架工作状态的稳定性，也即现场所谓的"支得牢、稳得住"。因此，在设计支架时，应尽量选用较大缸径立柱和大流量阀。支架的有效支撑可以减小煤壁的支承压力，降低煤壁片帮的概率。

（2）带压及时支护。煤壁在无护帮板侧护的情况下，处于单向受力状态，受力方向指向自由空间，侧护板对煤壁施力后，煤壁变为两向或三向受力状态，从而大大提高了煤壁的抗压强度，也提高了煤壁的稳定性。同时，侧护板还能够隔挡煤壁或顶煤上崩落的煤块，降低对人或设备造成伤害的概率。

滞后采煤机组 1~2 架时，马上带压移架支护顶煤，可以使支架顶梁与顶煤及时接触，减小煤壁前方的支承压力，避免或减轻片帮现象。

（3）加快推进速度。工作面推进速度越慢，超前支承压力作用于煤壁的时间越长，煤壁发生格里菲斯塑性破坏和片帮的程度就越严重。反之，加快工作面推进速度，降低超前支承压力对煤壁的作用时间和片帮破坏的允许时间，则可以避免或减小片帮的可能性。

（4）控制采高。随着采高的增加，煤壁在重心升高的情况下稳定性逐渐变差，片帮程度会越来越严重。因此应合理控制采高，既要保证煤壁的稳定性，又要考虑煤炭回收率。

6.5　不同采煤工艺条件下采场围岩控制分析

对于放顶煤开采来讲，工作面上方为"支架-顶煤-顶板"结构，顶煤放出的多少、位置及速度都会影响顶板的受力状况，自然也会影响支架的支撑效应，即影响"支架-顶煤-顶板"结构体系的稳定性。因此，在放顶煤开采过程中，放煤步距影响到顶煤放出的多少，放煤方式关系到顶煤放出的位置，不同的放煤步距和放煤方式，顶煤的放出速度和效果不同，也决定了维持"支架-顶煤-顶板"结构稳定性的难易程度不同。同时，采取合理的放煤工艺，也有助于控制采场顶板来压和提高综放开采回收率。

6.5.1　PFC2D 软件简介

PFC2D（particle flow code in 2dimensions）由美国明尼苏达大学和美国 Itasca Consulting Group, Inc. 开发，其离散单元分析中两单元之间相互关系，采用压缩弹簧和剪切弹簧以接触力的形式来模拟[108~111]。PFC2D 现已广泛应用于岩土、矿冶等领域[112~115]。本次数值模拟采用 PFC2D 二维颗粒流程序，主要通过离散单元方法来模拟松散煤介质的运移规律及其相互作用[111]，如图 6-8 所示。

上覆顶煤能否顺利回采及采场围岩控制稳定与否，是综放开采成败的关键。本节采用 PFC2D3.0 计算程序，模拟开采过程中上覆散体顶煤及部分破碎直接顶煤，在不同放煤步距和不同放煤方式下的落放规律及矿压显现规律。

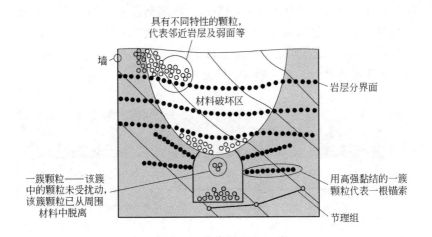

图 6-8　PFC2D 的主要模拟对象

6.5.2　放煤过程中顶煤的受力分析

6.5.2.1　模型的建立

PFC2D 颗粒流程序主要通过离散单元方法来模拟圆形煤颗粒介质运动及其相互作用，它采用数值方法将岩层分为有代表性的多组颗粒单元，通过颗粒间的相互作用来表达整个宏观物体的应力响应，从而利用局部的模拟结果来研究边值问题连续的本构模型。根据试验的实际情况和岩石力学实验结果，模拟的实际距离取为 $18 \sim 20m$，考虑到岩石的尺度效应，最终确定的模拟计算采用的岩体力学参数如表 6-1 所示。

表 6-1　岩体力学参数表

岩石名称	体积重度 /kN·m⁻³	法向刚度 /N·m⁻¹	切向刚度 /N·m⁻¹	黏结力 /N	摩擦系数
矸　石	2.5	4.0×10^8	4.0×10^8	0	0.40
煤　层	1.5	2.0×10^8	2.0×10^8	0	0.40

构建 PFC2D 放顶煤计算模型，其中顶煤块体大小为 250 ~

300mm（即块度半径0.125～0.15m），按高斯随机分布考虑，为减少机时、加快计算收敛速度，舍掉少量的过大或过小的块体。通过颗粒簇模式显示最初煤层受力状态如图6-9所示，在未采动情况下，煤体处于整体状态，并未形成散体流动介质。

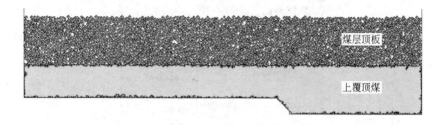

煤层顶板

上覆顶煤

图6-9 放顶煤PFC计算模型

6.5.2.2 放煤过程中顶煤的受力分析

顶煤放出后，支架上方顶煤出现不同程度的损伤破坏，当煤体颗粒单元之间接触点的剪切力达到准则所确定最大值时，颗粒间的接触点开始发生塑性剪切破坏，表现出颗粒流介质流动现象。采场上方煤体颗粒流介质间的受力区域依次为散体冒落区、拉剪破坏区、压缩变形区和原始应力区，如图6-10所示。

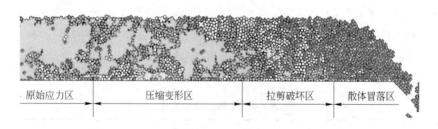

原始应力区 | 压缩变形区 | 拉剪破坏区 | 散体冒落区

图6-10 顶煤不同受力分布图

从图6-10中可以看出，散体冒落区的煤体处于完全破碎状态，即将滚落放出，放出后其上方顶板支撑解除，处于悬顶状态。拉剪破坏区的煤体没有完全破坏，颗粒流介质存有残余的拉应力和剪应力。压缩变形区的煤体处于弹性变形阶段，没有发生塑性破坏。通过在模型中设定模拟观测点，可以记录放煤过程中不同顶煤区域内顶煤竖直（垂直）方向的应力变化，获得散体介质区顶煤垂直应力图（见图6-11）。

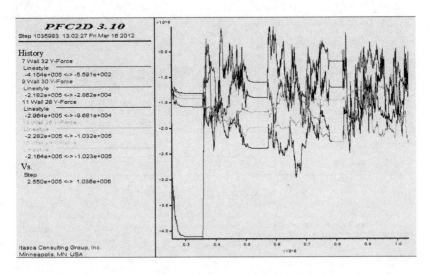

图6-11 散体介质区顶煤垂直应力图

由图6-11可以看出，在散体介质区，竖直（垂直）方向波动十分剧烈，位于散体区内的上部介质波动明显强于中部，中部强于下部。说明该区域煤体破碎充分，上部的破碎较下部更充分。

由图6-12可以看出，拉剪破坏区顶煤的垂直应力波动相对散体介质区平缓，其上部介质波动明显强于中部，中部强于下部。因此，拉剪破坏区内煤体破碎不充分，但上部的破碎较下部要明显。

由图6-13可以看出，在压缩变形区，顶煤竖直（垂直）方向应力波动平缓甚至消失，因此，顶煤的整体位移不大。但是，数值模拟结果显示在此区域形成了支承压力的峰值区，模拟得出的工作面超前支承压力峰值位置距煤壁16.6m左右，与现场所得15～22m相符。

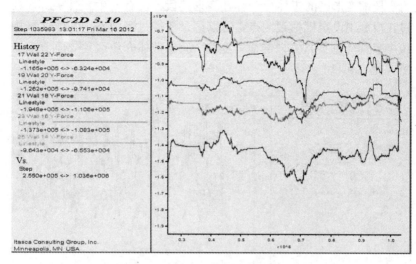

图6-12   拉剪破坏区顶煤垂直应力图

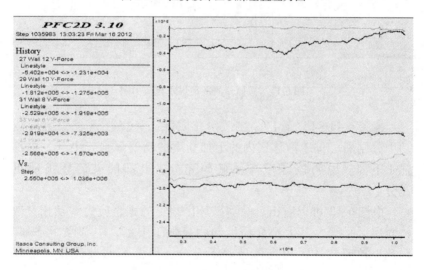

图6-13   压缩变形区顶煤垂直应力图

6.5.3   合理放煤步距的确定

放煤步距是指两次放煤之间工作面推进的距离，合理的放煤步距对提高采出率，维护采场顶板的稳定性至关重要。考虑当前现场常用的放煤工艺方式，本书将分析三种工艺方式：一刀一放（放煤步距0.6m）、两刀一放（放煤步距1.2m）和三刀一放（放煤步距1.8m）。三种放煤步距的数值模拟分析，如图6-14～图6-16所示。

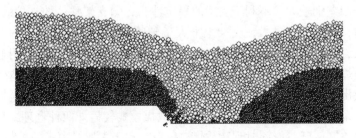

图6-14　一刀一放顶煤移动颗粒流

图6-15　两刀一放顶煤移动颗粒流

图6-16　三刀一放顶煤移动颗粒流

对照图6-14～图6-16，在保证回收率的前提下，可分析放煤步距对顶板（煤）稳定性控制的影响。如果放煤步距过大，明显大于放煤椭球体短轴，支架上方的矸石先于步距范围内的顶煤到达放煤口，采空区方向会形成"脊背"煤损。放煤步距越大，"脊背"煤损越多。"脊背"煤损的支撑作用使支架上方顶板的受力状况发生变化，顶板的破碎呈现非均匀性，因此不同支架顶梁后部及尾梁的受力作用差别较大，不利于支架的稳定性，影响支架整体的支护效果。同时，放煤步距过大，支架上方大量破碎顶板和煤体对支架的冲击增大，也会对支架的稳定性造成影响。如果放煤步距过小，明显小于放煤椭球体短轴，采空区的矸石会先于顶煤到达放煤口，造成矸石放出而煤存留，同样不利于支架对顶板的控制。通过上述模拟可知，采一放一（放煤步距 0.6m）的放煤模式较另外两种合理，顶部及采空区侧矸石能同时到达放煤口位置，利于支架对顶板的控制。

6.5.4   合理放煤方式的确定

放煤方式是指放煤顺序，每个放煤口放煤次数和放煤量，以及沿工作面同时开启的放煤口数量等组合放煤方法的总称。放煤方式不但会影响顶煤的采出率、含矸率及放煤速度，而且对采场顶板系统也会产生重大影响。大倾角松软厚煤层综放工作面放煤方式有三种，如图 6-17 ~ 图 6-19 所示，分别为单轮顺序放煤、单轮间隔放煤

图 6-17   单轮顺序放煤顶煤移动颗粒流

图 6-18   单轮间隔多口放煤顶煤移动颗粒流

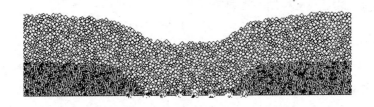

图 6-19　多轮间隔顺序多口放煤顶煤移动颗粒流

以及多轮顺序放煤的顶煤移动颗粒流情况。模型以 1201 工作面为背景，建立在 2.3m 采高条件下。模型采用连续 6 组支架为一组，共设定了两组支架模型，按以下三个方案分别模拟，并且对不同放煤方式放煤效果进行了分析比较：

（1）单轮间隔多口放煤：首先打开 1 号、3 号、5 号等单号支架上的放煤口，到放煤口见矸时关闭放煤口，此时，放煤口留下一定的脊煤，滞后一段距离再进行双号支架放煤，将留下的脊煤放出。

（2）单轮顺序放煤：按照 1 号、2 号、3 号放煤口顺序放煤，见到矸石后关闭放煤口。

（3）多轮间隔顺序等量放煤：先按照 1 号、3 号、5 号放煤口顺序进行放煤，待一次放出顶煤量的 1/2 时，再按 2 号、4 号、6 号放煤口进行顺序放煤，反复进行两轮放煤后将煤放完。

在割煤 2.3m，放煤 4.83m 情况下，通过对 1201 工作面放煤方式进行数值模拟，可知单轮顺序放煤的顶煤放出率最低，大约在 78.1% 左右，而单轮间隔多口放煤与多轮间隔顺序多口放煤的顶煤放出率相比较，大概相差 3% 左右，分别为 87% 和 84.2%。如图 6-17 所示，单轮顺序放煤方式顶煤容易形成不平衡力作用，即一个支架一次放出大量顶煤时，会导致相邻支架上方的顶煤向放空空间运动，从而使破碎顶煤在平行于煤壁平面内产生水平位移，形成不平衡的接触力，容易造成支架下滑或倾倒，甚至使整个采场顶板控制体系失稳。多轮间隔顺序等量放煤也存在支架受到不平衡力作用的问题，因而也不利于采场顶板控制。单轮间隔多口放煤虽然对顶板也存在扰动，但其所留下的“脊煤”能够分别向两侧的已采空间移动，故对顶板控制的影响较小。

结语

（1）1201大倾角松软厚煤层综放工作面选取正四连杆低位放顶煤支架，支架的工作阻力不小于4800kN，极限倾倒角为26.6°，极限下滑角为16.7°，对于煤层倾角为37°的1201工作面，需要对支架的稳定性进行控制。

（2）工作面支架应提高初撑力和工作阻力、使用整体顶梁和伸缩梁护帮机构、增加双侧活动侧护板、加大侧推千斤顶缸径、加强密封性，应重点控制下端头支架的稳定性，同时将工作面调整成机头超前机尾，以防止支架出现下滑与倾倒现象。

（3）煤壁稳定性影响煤壁-支架-顶板支护体系，进而影响采场围岩的控制效果，煤壁稳定性控制应采取合理地提高初撑力和工作阻力、带压及时支护、适当加快推进速度、控制采高等措施。

（4）工作面选取采一放一（0.6m）的放煤步距和单轮间隔多口放煤的放煤方式，能够防止破碎顶煤对支架形成不平衡作用力，避免支架下滑或倾倒，维护整个支护系统的稳定性，有效控制采场顶板。

参 考 文 献

[1] 中国煤炭工业协会. 2009 中国煤炭工业发展研究报告[M]. 徐州：中国矿业大学出版社，2010.

[2] 范维唐. 煤炭在能源中处于什么地位[J]. 中国煤炭，2001(8)：3，5~7.

[3] 伍永平，员东风，张森丰. 大倾角煤层综采基本问题研究[J]. 煤炭学报，2000，25(5)：465~468.

[4] 中投顾问产业研究中心. 煤炭"十二五"规划出炉[J]. 中投顾问煤炭行业研究周刊，2011，204：4.

[5] 谢东海，冯涛，赵伏军. 我国急倾斜煤层开采的现状及发展趋势[J]. 煤矿天地，2007(14)：211~213.

[6] 黄志增，任艳芳，张会军. 大倾角松软特厚煤层综放开采关键技术研究[J]. 煤炭学报，2010，35(11)：1878~1882.

[7] 郝彬彬，吕秀江，王金喜. 大倾角厚煤层开采方法的选择[J]. 煤炭技术，2008，27(2)：43~45.

[8] 张艳丽，李开放，任世广，等. 大倾角煤层长壁综放采场围岩活动规律[J]. 西安科技大学学报，2010，30(2)：150~153.

[9] 陈忠辉，谢和平，王家臣. 综采放顶煤三维变形、破坏的数值分析[J]. 岩石力学与工程学报，2002，21(3)：309~313.

[10] Schgal V K, Coalfields Kumar A. Thick and steep seam mining in north eastern[C]//international symposium on thick seam mining：problem and issues (ISTS'92, India), 1992：457~469.

[11] Bondarenko Y V, Makeev A Y, Zhurek P, et al. Technology of coal extraction from steep seam in the Ostrava-Karvina basin[J]. Russia：Ugol Ukrainy, 1993(3)：45~48.

[12] Proyavkin E T. New nontraditional technology of working thin and steep coal seams[J]. Russia：Ugol Ukrainy, 1993(3)：2~4.

[13] Mrig G C, Sinha A. Proposing a new method for thick, steep and gassy XV seam of Sudamdih[C]//International symposium on thick seam mining：problem and issues (ISTS' 92, India), 1992：445~456.

[14] Skalski Z. New method used in Lorraine for extracting steep coal seams[J]. Poland：Przeglad Gorniczy, 1993(5)：18~23.

[15] Xue Yadong, Zhang Shiping, Kang Tianhe. Numerical Analysis on dynamic response of rock bolts in mining roadways[J]. Chinese Journal of Rock Mechanics and Engineering, 2003, 22(11)：1903~1906.

[16] Mathur R B, Jain D K, Prasad B. Extraction of thick and steep coal seams a global overview[C]//The 4th Asian mining：Exploration, exploitation, environment (India), 1993,

Nov. 24~28：475~488.

[17] Ongallo Acedo J M, Femandez Villa A, Lglesias Alvarez J L. Experience with integrated exploition systems in narrow, very steep seams in HUNOSA[C]//The 8th international congress on mining and metallurgy (Spain), 1998, Oct. 16~22, Vol. 3：1~23.

[18] 阿威尔辛 С Г. 煤矿地下开采的岩层移动[M]. 北京矿业学院矿山测量教研组, 译. 北京：煤炭工业出版社, 1959.

[19] 钱鸣高, 刘听成. 矿山压力及其控制[M]. 北京：煤炭工业出版社, 1991.

[20] 李树刚. 综放开采围岩活动及瓦斯运移[M]. 徐州：中国矿业大学出版社, 2001.

[21] 武景云, 黄万朋, 马鹏鹏, 等. 大倾角煤层采场顶板运动与矿压显现规律研究[J]. 煤矿安全, 2010, 41(6)：6~9.

[22] Aksenov V V, Lukashev G E. Design of universal equipment set for working steep seams [J]. Russia：Ugol Ukrainy, 1993(4)：5~9.

[23] Einstein H H. Model studies on mechanics of joints rock[J]. J. Soil Mech. Found. Div. , 1978(99)：229~242.

[24] Kulakov V N. Geomechanical conditions of mining steep coal beds[J]. Journal of Mining Science, 1995, 31(2)：136~143.

[25] Wilson A H. Various aspects of longwall roof support[J]. Colliery Guardian, 1984, 4：50~56.

[26] Brown E T, ASCE A M. Strength of models of rock with intermittent joints[J]. J. Soil Mech. Found Div. , 1970, 96(6)：1935~1949.

[27] Kulakov V N. Stress state in the face region of a steep coal bed[J]. Journal of Mining Science, 1995, 31(3)：161~168.

[28] Bodi J. Safety and technological aspects of manless exploitation technology for steep coal seams[C]//The 27th international conference of safety in mines research institutes(India), 1997, Feb. 20~22：955~965.

[29] Singh T N, Gehi L D. State behavior during mining of steeply dipping thick seams-A case study[C]//Proceedings of the International Symposium on Thick Seam Mining, Dhanbad (India), 1993：311~315.

[30] 徐永圻. 煤矿开采学[M]. 徐州：中国矿业大学出版社, 1998.

[31] 蒲文龙. 大倾角厚煤层开采技术研究[D]. 阜新：辽宁工程技术大学, 2005.

[32] 陈炎光, 钱鸣高. 中国煤矿采场围岩控制[M]. 徐州：中国矿业大学出版社, 1994.

[33] 吕志贤. 大倾角煤层开采方法探析[J]. 中国新技术新产品, 2008, 12 (下)：87.

[34] 高召宁. 急斜特厚煤层开采围岩与覆盖层破坏规律研究[D]. 西安：西安科技学院, 2002.

[35] Wu Jian, et al. Safety problems in fully-mechanized top-coal caving long wall faces[J]. Journal of China University of Mining & Technology, 1994(2)：20~25.

[36] 杨永亮. 蒲河煤矿综放工作面两巷锚喷支护技术研究[D]. 阜新：辽宁工程技术大

学，2009.

[37] 陈钝."七五"期间煤炭基本建设的任务、目标和主要方针[J].煤炭经济研究，1986(8)：1～4.

[38] 陈必武.红菱煤矿大倾角中厚煤层综采技术[J].煤矿开采，1999(1)：50～52.

[39] 艾维尔沟煤矿大倾角煤层机械化开采方法可行性研究[R].新疆艾维尔沟煤矿，西安矿业学院矿山压力研究所，1998，7.

[40] Zhou Shining. Theory of coal and gas exploitation after pressure relief and its application in Wulan mine[J]. Northwest coal, 2006, 4(1)：14～17.

[41] 周昌明，陈光强.大倾角综采工作面输送机和支架整体防滑[J].煤矿开采，1999(3)：55～56.

[42] 陈炎光，钱鸣高.中国煤矿采场围岩控制[M].徐州：中国矿业大学出版社，1994：312～370.

[43] 伍永平，员东风，周邦远，等.绿水洞煤矿大倾角煤层综采技术研究与应用[J].煤炭科学技术，2001(4)：30～32.

[44] 王家山煤矿大倾角特厚煤层综采放顶煤技术研究[R].甘肃靖远煤业集团公司王家山煤矿，西安科技学院能源学院，2003，3.

[45] 刘宝琛，廖国华.煤矿地表移动的基本规律[M].北京：中国工业出版社，1965.

[46] 白矛，刘天泉.条带法开采中条带尺寸的研究[J].煤炭学报，1983，8(4)：19～26.

[47] 马伟民，等.煤矿岩层与地表移动[M].北京：煤炭工业出版社，1981.

[48] 钱鸣高.采场矿山压力与控制[M].北京：煤炭工业出版社，1983.

[49] 钱鸣高，等.岩层控制的关键层理论[M].徐州：中国矿业大学出版社，2000.

[50] 庞矿安，刘俊峰，董德彪.大倾角放顶煤液压支架稳定性动态分析[J].煤矿开采，2005(6)：1～3.

[51] 王卫军，李学华.巷道放顶煤顶煤破碎机理研究[J].矿山压力与顶板管理，2000(3)：66～68.

[52] 王卫军，侯朝炯.急倾斜煤层放顶煤顶煤破碎与放煤巷道变形机理分析[J].岩土工程学报，2001(5)：623～626.

[53] 赵朔柱.急斜放顶煤工作面的矿压显现和上覆层结构[J].矿山压力与顶板管理，1992(1)：38～42.

[54] 吴健.放顶煤开采的顶煤活动规律及矿压显现[G]//第四届煤矿采场矿压理论与实践讨论会论文汇编.徐州：中国矿业大学出版社，1989：130～136.

[55] 周英，顾明，李化敏，等.综放顶煤变形破碎特征研究[J].矿山压力与顶板管理，2004(1)：48～50.

[56] 朱川曲，缪协兴.急倾斜煤层顶煤可放性评价模拟及应用[J].煤炭学报，2002，27(2)：134～138.

[57] 赵旭清，陈忠辉，程国明，等."三软"厚煤层预采顶分层综放开采顶煤运移实测

分析[J]. 煤炭科学技术, 2000, 12: 35~37.

[58] 赵旭清, 张海戈. "三软" 厚煤层综放开采顶煤运移特征分析[J]. 辽宁工程技术大学学报 (自然科学版), 2000, 19(6): 569~572.

[59] 黄春光. 大倾角 "三软" 不稳定厚煤层放顶煤开采矿压规律研究[D]. 焦作: 河南理工大学, 2010.

[60] 华道友, 平寿康. 大倾角煤层矿压显现立体相似模拟[J]. 矿山压力与顶板管理, 1997(3): 97~100.

[61] 王永建. "三软" 极不稳定煤层放顶煤开采工作面矿压规律及支护方式优选[J]. 焦作工学院学报 (自然科学版), 2000(5): 174~178.

[62] 王永建. "三软" 煤层普放面矿压规律及合理支护研究[J]. 矿山压力与顶板管理, 2002(3): 45~47.

[63] 方伯成. 大倾角工作面矿压显现分析[J]. 矿山压力与顶板管理, 1995(4): 26~30.

[64] 吴绍倩, 石平五. 急斜煤层矿压显现规律的研究[J]. 西安矿业学院学报, 1990(2): 1~9.

[65] 石平五. 大倾角煤层底板滑移机理[J]. 矿山压力与顶板管理, 1993(4): 7~9.

[66] 乔福祥, 等. 大倾角 "三软" 煤层工作面矿压显现规律及岩层控制的研究[J]. 矿山压力与顶板管理, 1993(z1): 105~109.

[67] 蒋金泉. 倾斜煤层采场老顶初次来压步距的计算[J]. 矿山压力与顶板管理, 1992(1): 47~49.

[68] 杨秉权, 孔凡堂. 大倾角煤层单体液压支柱放顶煤矿压分析[J]. 煤矿开采, 1994(2): 51~53.

[69] 陶连金, 张倬元, 王泳嘉. 大倾角煤层回采巷道矿压显现规律研究[J]. 工程地质学报, 1998(6): 139~144.

[70] 严鹤峰, 等. 大倾角 "三软" 煤层工作面顶板端面冒落的分析[J]. 黑龙江矿业学院学报, 1995(1): 17~19.

[71] 闫少宏. 急倾斜煤层开采上覆岩层运动的有限变形分析[J]. 矿山压力与顶板管理, 1994(30): 27~30.

[72] 闫少宏. 大倾角软岩底板破坏滑移机理[J]. 矿山压力与顶板管理, 1995(1): 20~23.

[73] 尹光志, 鲜学福, 代高飞, 等. 大倾角煤层开采岩移基本规律的研究[J]. 岩土工程学报, 2001, 23(4): 450~453.

[74] 伍永平. 大倾角煤层开采 "R-S-F" 系统动力学控制基础研究[D]. 西安: 西安科技大学, 2003.

[75] 黄建功, 楼建国. 大倾角煤层走向长壁采面支架与围岩系统分析[J]. 矿山压力与顶板管理, 2003(4): 72~74.

[76] 袁永. 大倾角特厚煤层综放开采技术的研究与应用[J]. 煤矿安全, 2009(11): 48~50.

[77] 赵洪亮, 袁永, 等. 大倾角松软煤层综放面矿压规律及控制[J]. 采矿与安全工程学报, 2007(3): 345~348.

[78] 王高利, 涂敏, 等. 大倾角综采面覆岩移动规律的相似材料模拟[J]. 黑龙江科技学院学报, 2007(6): 11~14.

[79] 蔡瑞春. 大倾角煤层开采矿压特征及围岩控制技术研究[D]. 淮南: 安徽理工大学, 2009.

[80] 伍永平, 高喜才, 段王拴. 彬长矿区坚硬特厚煤层综放面矿压显现特征[J]. 煤炭科学技术, 2009, 37(1): 59~61.

[81] 王国旺, 高登彦. 厚基岩浅埋煤层大采高工作面矿压显现规律分析[J]. 煤炭科学技术, 2010, 38(7): 27~30.

[82] 弓培林, 靳钟铭. 大采高综采采场顶板控制力学模型研究[J]. 岩石力学与工程学报, 2008, 27(1): 193~198.

[83] 杨帆, 麻凤海. 急倾斜煤层采动覆岩移动模式及其应用[M]. 北京: 科学出版社, 2007.

[84] 黄建功. 大倾角煤层采场顶板运动结构分析[J]. 中国矿业大学学报, 2002(5): 411~444.

[85] 石平五. 急倾斜煤层基本顶破断运动的复杂性[J]. 矿山压力与顶板管理, 1999(3/4): 26~28.

[86] 钱鸣高, 缪协兴, 何富连. 采场 "砌体梁" 结构的关键块分析[J]. 煤炭学报, 1994, 17(6): 557~563.

[87] 钱鸣高, 缪协兴. 采场上覆岩层结构的形态与受力分析[J]. 岩石力学与工程学报, 1995, 14(2): 97~106.

[88] 王红卫. 急倾斜煤层回采巷道维护方法探讨[J]. 甘肃科技纵横, 2003, 32(5): 50~51.

[89] 东兆星, 吴士良. 井巷工程[M]. 徐州: 中国矿业大学出版社, 1999: 325~327.

[90] 何满朝, 邹正盛, 邹友峰. 软岩巷道工程概论[M]. 徐州: 中国矿业大学出版社, 2001: 265~267.

[91] 范公勤. 缓倾斜煤层回采巷道断面选择研究[J]. 西安矿业学院学报, 1994(3): 13~14.

[92] 俞万禧. 急倾斜煤系岩层中巷道地压与支护[J]. 矿山压力与顶板管理, 1998, 15(2): 31~33.

[93] 石平五, 高召宁. 急斜特厚煤层开采围岩与覆盖层破坏规律研究[J]. 煤炭学报, 2003, 28(1): 13~16.

[94] 邵祥泽, 潘志存, 张培森. 高地应力巷道围岩的蠕变数值模拟[J]. 采矿与安全工程学报, 2006, 23(2): 23~26.

[95] 孙晓明, 何满潮. 深部开采软岩巷道耦合支护数值模拟研究[J]. 中国矿业大学学报, 2005, 34(2): 166~169.

[96] 任德惠，聂宗权，刘双关. 急倾斜煤层矿压分布规律[J]. 矿山压力与顶板管理，1987，4(2)：50~53.

[97] 方伯成. 大倾角工作面矿压显现分析[J]. 矿山压力与顶板管理，1995，12(4)：26~30.

[98] 李宁，Swoboda G. 当前岩石力学数值方法的几点思考[J]. 岩石力学与工程学报，1997，16(5)：502~505.

[99] 彭文斌. FALC3D 实用教程[M]. 北京：机械工业出版社，2007.

[100] 王毅才. 隧道工程[M]. 3版，上册. 北京：人民交通出版社，2006.

[101] Shi G H. Modeling dynamic rock failure by discontinuous deformation analysis with simplex integrations[C]//Proc. 1st North Amer. Rock Mech. Symp. Austin, Texas, 1994：591~598.

[102] 陈育民，徐鼎平. FLAC3D 基础工程与实例[M]. 北京：中国水利水电出版社，2008：408~410.

[103] 刘波，韩彦辉. FLAC 原理、实例与应用指南[M]. 北京：人民交通出版社，2005：367~368.

[104] 林忠明，陈忠辉，谢俊文，等. 大倾角综放开采液压支架稳定性分析与控制措施[J]. 煤炭学报，2004，29(3)：264~268.

[105] 伍永平，员东风. 大倾角综采支架稳定性控制[J]. 矿山压力与顶板管理，1999(3/4)：82~85.

[106] 杨振复，罗恩波. 放顶煤开采技术与放顶煤液压支架[M]. 北京：煤炭工业出版社，1995.

[107] 杨仁树，朱现磊，朱衍利，等. 三软煤层大倾角综放工作面倒架原因及对策[J]. 煤炭科学技术，2010，38(3)：8~11.

[108] Yang, Renshu, Zhu, Yanli, Zhu, Xianlei. Discussions on some security mining problems of fully-mechanized top coal mining in" three soft" large inclined angle working face [C]//1st International Symposium on Mine Safety Science and Engineering (ISMSSE)，2011：1144~1149.

[109] 夏永学，康立军，齐庆新. 割煤高度对大采高综放工作面煤壁稳定性影响[J]. 煤炭科学技术，2008，36(12)：1~3.

[110] 刘凯欣，高凌天. 离散元法研究的评述[J]. 力学进展，2003，33 (4)：483~490.

[111] Cundall P A, Strack O D L. Particle flow code in 2 dimensions [M]. 2nd ed.. Minnesota：Itasca Consulting Group, Inc., 2002：1~17.

[112] Xie Yaoshe, Zhao Yangsheng. Numerical simulation of the top coal caving process using the discrete element method [J]. International Journal of Rock Mechanics & Mining Sciences，2009，46：983~999.

[113] 李兴尚，许家林，朱卫兵，等. 垮落矸石注浆充填体压实特性的颗粒流模拟[J]. 煤炭学报，2008，33(4)：373~377.

[114] 孟云伟，肖世洪，柴贺军，等. 隧道开挖中破碎带支护的颗粒离散元模拟研究[J]. 地下空间与工程学报，2007，3(4)：673~677.

[115] 周健，王家全，等. 土坡稳定分析的颗粒流模拟[J]. 岩土力学，2009，30(1)：86~90.

冶金工业出版社部分图书推荐

书　名	作　者	定价(元)
中国冶金百科全书·采矿卷	本书编委会　编	180.00
现代金属矿床开采科学技术	古德生　等著	260.00
我国金属矿山安全与环境科技发展前瞻研究	古德生　等著	45.00
爆破手册	汪旭光　主编	180.00
采矿工程师手册(上、下册)	于润沧　主编	395.00
现代采矿手册(上、中、下册)	王运敏　主编	1000.00
深井硬岩大规模开采理论与技术	李冬青　等著	139.00
地下金属矿山灾害防治技术	宋卫东　等著	75.00
地下矿山开采设计技术	甘德清　著	36.00
采空区处理的理论与实践	李俊平　等著	29.00
地质学(第4版)(国规教材)	徐九华　主编	40.00
采矿学　(第2版)(国规教材)	王　青　主编	58.00
矿山安全工程　(国规教材)	陈宝智　主编	30.00
矿井通风与除尘　(本科教材)	浑宝炬　等编	25.00
矿产资源开发利用与规划　(本科教材)	邢立亭　等编	40.00
金属矿床地下开采　(第2版)(本科教材)	解世俊　主编	33.00
矿山岩石力学　(本科教材)	李俊平　主编	49.00
高等硬岩采矿学　(第2版)(本科教材)	杨　鹏　编著	32.00
矿山充填力学基础　(第2版)(本科教材)	蔡嗣经　编著	30.00
碎矿与磨矿　(第3版)(本科教材)	段希祥　主编	35.00
现代充填理论与技术(本科教材)	蔡嗣经　等编	25.00
金属矿山环境保护与安全(高职高专教材)	孙文武　主编	35.00
金属矿床开采(高职高专教材)	刘念苏　主编	53.00